性格心理学

九型人格探秘

刘志则 白袖贤◎著

台海出版社

图书在版编目（CIP）数据

性格心理学：九型人格探秘 / 刘志则，白袖贤著
. -- 北京：台海出版社，2019.5（2023.11 重印）
ISBN 978-7-5168-2316-3

Ⅰ. ①性… Ⅱ. ①刘… ②白… Ⅲ. ①性格－通俗读物 Ⅳ. ① B848.6-49

中国版本图书馆 CIP 数据核字（2019）第 064614 号

性格心理学：九型人格探秘

著　　者：刘志则　白袖贤

出 版 人：蔡　旭　　　封面设计：张合涛
责任编辑：王　艳

出版发行：台海出版社
地　　址：北京市东城区景山东街 20 号　　邮政编码：100009
电　　话：010-64041652（发行，邮购）
传　　真：010-84045799（总编室）
网　　址：www.taimeng.org.cn/thcbs/default.htm
E-mail：thcbs@126.com

经　　销：全国各地新华书店
印　　刷：艺堂印刷（天津）有限公司
本书如有破损、缺页、装订错误，请与本社联系调换

开　　本：710 毫米 ×1000 毫米　　1/16
字　　数：292 千字　　印　　张：22
版　　次：2019 年 5 月第 1 版　　印　　次：2023 年 11 月第 7 次印刷
书　　号：ISBN 978-7-5168-2316-3

定　　价：49.80 元

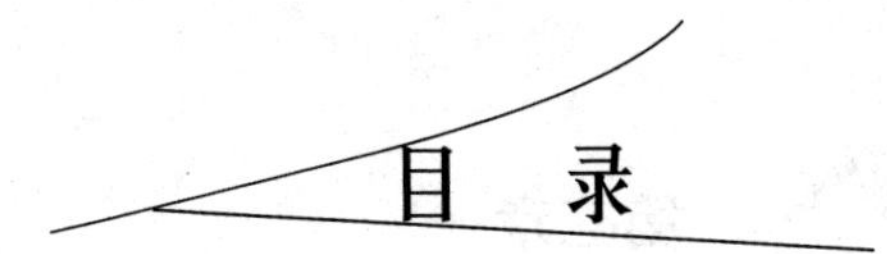

前 言

第一章

九型人格的魅力所在

第二章

一号完美型：追求完美，没有最好只有更好

第三章

二号助人型：乐于奉献，你幸福是我最大的快乐

第四章

三号成就型：拼搏苦干，强烈渴望成功

第五章

四号自我型：多愁善感，带你走入我的心

第六章

五号理智型：步步为营，稳扎稳打

第七章

六号疑惑型：谁会对我好？你会吗？

第八章

七号活跃型：生活如果不快乐，还有什么意义？

第九章

八号领袖型：大家听我的，就这么干

第十章

和平的九号：有话好好说，没有什么是解决不了的

第十一章

九型人格之相互学习

后　记

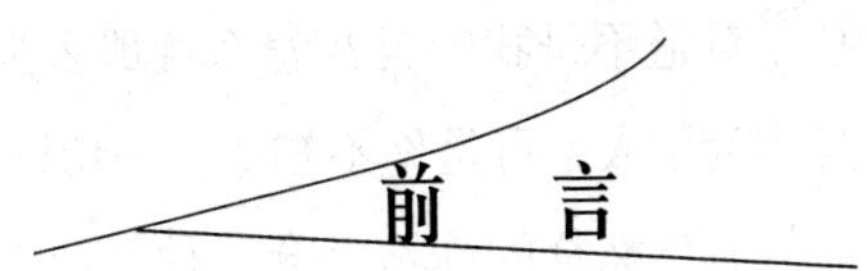

前言

人生中很多时候，我们都在一味地追逐着结果，为了这个结果费尽周折、头破血流，甚至付出宝贵的生命。在这个过程中，有时我们能获得自己想要的，可有时我们做了一切，到头来还是一无所获。

经营婚姻，你让她伤心落泪，黯然离去；打拼事业，你始终找不对方向，屡次失败；教育孩子，孩子却视你如仇人，希望离你远远的……或许，你也能做好其中的一个方面，比如：你是一个好老公，可你却不是一个好的创业者；你是一个事业上的女强人，可你却不能教育好自己的孩子……

我想你一定也有过疑惑：为什么很多时候，我做了那么多，付出了那么多，结局还是令人心酸？你一定也曾苦苦探求过，在很多个深夜辗转反侧、无法入睡。你想知道到底是哪里出现了问题，为什么会这样，难道此生就不能获得圆满幸福的人生了吗？

很多时候，你不断地向外寻找答案，你说：“等我赚取了足够多的钱就好了，她就爱我了。”“这样的性格怎样与他相处？不如换人算了。”“这孩子难道不是我的吗？怎么就那么笨呢！”……你觉得你一切的不如意都是因为别人，可是你不知道，一切皆是你自己的性格决定的。

有什么样的性格就会“种下什么样的因”，而“结果”不管是甜，还是涩，都需要你一个人去品尝。因此，无论是男人还是女人，如果你想收获甜蜜的果实，就需要先知晓自己的性格，并且在了解自己性格的同时也需要了解别人的性格，只有这样才能做到“知己知彼，百战不殆”，才能达到与他人和谐相处的目的，才有助于事业家庭的美满和谐。比如：在企业中，性格会决定你怎样与上司相处，怎样与下属沟通；在婚姻中，性格会决定你和什么类型的人结婚，你们之间怎样互动，你们是否能相处愉快，是否能宽容谅解；在亲子教育中，性格又决定着你如何与孩子沟通，如何教育孩子。细细观察，你肯定会发现，一切的一切皆与你的性格有关。

中国有句话叫“成家立业”，这句话用在现在这个社会可能不太合适，毕竟很多未婚男女，他们的事业做得风生水起。但我们可以想象，如果一个人的婚姻生活幸福美满，那么他就将拥有更多的精力来打拼事业；如果婚姻生活一团糟，他又如何能全身心投入到工作中去呢？据民政部统计，从 2003 年开始，中国离婚数量已经连续十四年增长，2003 年离婚数量是 133.1 万对，到了 2016 年，已经增长到了 485 万对。2017 年上半年全国新婚夫妇 558 万对，但同时离婚的有 185 万对……

为了使每一个家庭都和谐美满，每一个人都能拥有幸福，都能既拥有事业又拥有爱情，我们写作本书，通过探究人的性格奥秘，让人们更好地发现自己、发现别人的优缺点，更好地认识自己、认识别人，从而更加愉快地与身边的人相处，从而获得人生的成功。

几千年来，人们对自我以及他人内在的探索也从未停止过。与此同时，也出现了很多的方式方法，比如星座分析、血型分析，以此来分析了解一个人的性格。如今社会中开始广泛地流行着一种古老的性格分析法——九型人格分析法，它来自公元 9 世纪中亚和波斯地区兴起的神秘宗教——苏菲教，里面描述了人类所具有的九种性格，解释了不同性格间的相互关系，后来逐渐发展为一套认识自我、识己用人的有效管理工具，亦是美国斯坦福大学最经典的一门课程，也就是我们现在所说的九型人格。

九型人格不是杜撰，是从人们的日常生活中发现和总结出来的，具有来源于生活的特点，所以当它应用于生活的时候，更具说服力。

阅读本书的时候，我们应该放下以往的认知——对人的偏见，从零开始重新审视自己和他人，以一种全新的视角看待身边的一切。同时，我们也应意识到，九型人格虽然很值得学习，但我们也不应该迷失其中，不能用一种固定的思维模式来思考任何一种性格的人，毕竟万事万物都不是一成不变的，应融会贯通，学会用发展的眼光看待一切。

白袖贤

2019.2.10

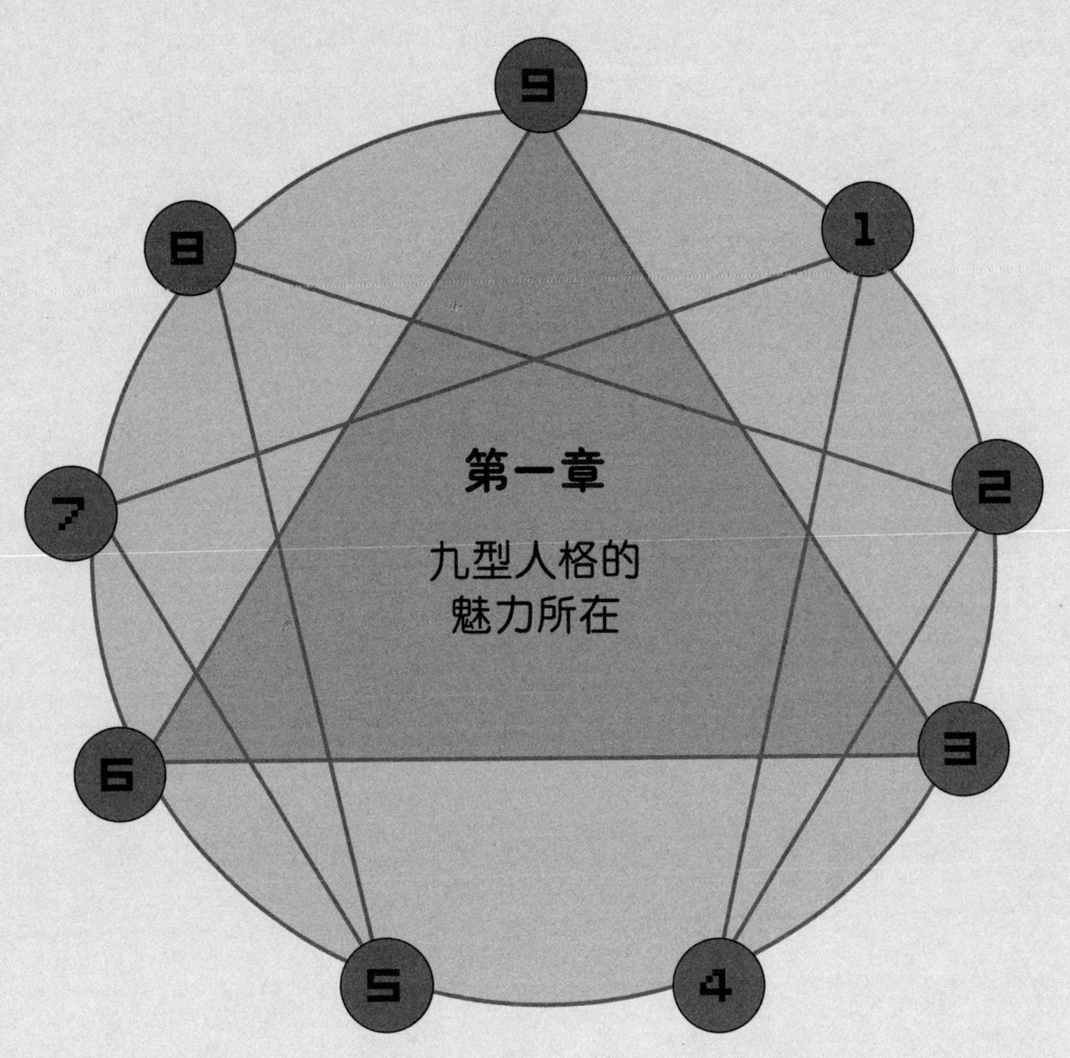

第一章

九型人格的魅力所在

性格决定命运

性格是影响一个人命运的重要因素，有人说性格是与生俱来的，若好好把握，也能收获成功的人生。像李嘉诚，他没有高贵的出身以及显赫的背景，他只是一个逃难到香港的普通人家的孩子，命运一开始并没有给他打开一扇广阔的窗，他白手起家，一番磨难后，打造出一个生意遍布全球、财富囊括四海的超级商业人国，而他自己也成了亚洲首富。

仔细分析后不难看出，李嘉诚的性格中有着典型的中国人的沉稳、谨慎和谦虚，同时也有着儒家的诚信、道义，但更多的是远大的志向、坚强的毅力、果敢的作风以及坚持的恒心。可以说，这些优良的品质或者说性格，在其成功道路上起了不可估量的作用。

创业至今六十多年，李嘉诚虽多次历经经济危机，但没有一年亏损。1999 年，他被福布斯评为全球华人首富，在此之后，蝉联这一宝座达十五年之久。如今，他的商业版图遍布全球 52 个国家，从事的产业横跨通信、基建、港口、石油、零售等多个领域，集团员工超过 26 万人。

客观地说，李嘉诚后期的投资行为是带有冒险性的，几乎与“赌博”无异，但是李嘉诚的“赌博”中却包含着慎重的成分，他的一系列投资和扩张行为都是建立在对全球政治经济形势的密切关注和精确分析之上的，绝非盲目冒险。他也一直奉行着“稳健中不忘发展，发展中不忘稳健”的经商理念，他认为投资都是有风险的，但如果能谨慎行事，对市场中的各种变化进行精确的分析，然后量力而行，这样就可以有力地规避风险。这些理念和态度一定程度上也体现了他的性格。换句话说，李嘉诚自身的成功也是其对“性格决定命运”这句话的最好诠释。

但有人会有疑问：一个人的命运真的是由性格决定的？难道性格不好的人就注定要贫穷或失败一辈子吗？不，不是这样的。性格在一个人的一生中确实起着至关重要的作用，但我们也不用害怕和担心，因为性格无所谓好坏，只要我们能充分认识自己的性格，并掌握性格深处所掩藏的秘密，我们就可以发扬性格的优势，规避性格的劣势，真正做到趋利避害。可以说，我们的命运走向，只有我们自己能真正地掌控。

性格其实也是个工具，关键在于我们能不能很好地掌握这个工具。我们应该学着掌控自己的性格，而非被性格所掌控。这就需要我们充分地了解自己以及他人的性格，最大化地利用性格中的有利因素，并且能将不利因素转化为有利因素，从而让“性格”为己所用。

很多时候，古今中外的伟大人物呈现给我们的都是足智多谋、英勇善战、出类拔萃的一面，其实他们亦非完美的圣人，他们也和我们大多数人一样，有缺点也有性格劣势，只不过他们清楚地认识到了自己性格中的优势和劣势，并通过一定的方法克服了自身的不足，并将性格中的优点升华到了更高的一个层次罢了。

因此，很多时候，我们应该做的不是片面地模仿伟人的言行，而是应该去分析他们的性格，学习他们是如何通过掌握自己的性格优势来提升自我、成就自我的，学习他们是如何规避自己性格中的劣势，从而掌控自己命运的。

九型人格，探索人内心世界的有效工具

在日常生活中，我们不难发现：生活在同一环境中的人，也会有不同的特质和性格；同一个人也会有多面的性格特点，比如既慷慨又自私，既温和又有攻击性。

我们为何如此矛盾？哪一个才是真实的我呢？渴望认识自我和他人，却总是无法参透；希望洞察人心，却又总是雾里看花……有没有一种“指南”可以给我们提供指引？让我们不再迷茫？

其实，几千年来人们对自我以及他人的探索就从未停止过，比较常见的探索和研究人的方式和方法也有很多，比如对星座、血型等的研究。其实对人的性格和心理的研究也一直是人们最为关注的方向，九型人格也是性格心理学研究中的一种重要研究方法。

在心理学体系中，九型人格理论是最具代表性的性格分析理论。九型

人格，英文为 Enneagram，来自两个希腊词汇 ennea 和 gram（grammos）；ennea 代表数字 9，gram 代表图形。所以我们也可以称其为“九柱图”“九星图”等，但为了统一及容易识别，最常用且全面的称呼是“九型人格”。

它是一种古老的性格分析理论，这种理论通过对人性格的分析，可以确定一个人性格的基本特征。这些特征在一定条件下可以互相转化，可以说是一张详尽描绘人类性格特征的活地图，揭示了人们内在的、最深层的价值需求和注意力焦点，实际上也是人们处理自己和世界关系的九种方式，是一种精妙的性格分析工具。

同时，九型人格学也是一款易学易懂的管理和交际工具，不但有利于个人修养的提升，而且在促进人际关系，指导人们的婚恋关系、亲子关系、企业管理、销售技巧、教育、心理辅导等诸多领域也都有着巨大的作用和价值。因此，九型人格又被当代心理学家誉为沟通的“圣经”。

全球九型人格专家海伦·帕尔默这样总结九型人格在人们生活中的重要性：“九型人格，是一门可以在两三天研讨中，把握大学心理专业三四年与人打交道的工具。”

1993 年，哈佛大学商学院大力推崇九型人格，并开设了九型人格的课程，研究九型人格在商业领域中的应用。从此，九型人格风行欧美学术界及工商界，很多企业的管理阶层纷纷研习九型人格。

如今，九型人格正被全球大部分先进国家和商业机构，如通用汽车、AT&T（美国电话电报公司）、HP（惠普）、可口可乐、美国中央情报局等广泛应用，全球 500 强企业的管理阶层均有研习九型人格，并以此培训员工，帮助建立团队、提升领导力、增强执行力。

形象化地认识九型人格

九型人格，顾名思义，有九大性格类别：一号完美型，二号助人型，三号成就型，四号自我型，五号理智型，六号疑惑型，七号活跃型，八号领袖型，九号和平型。

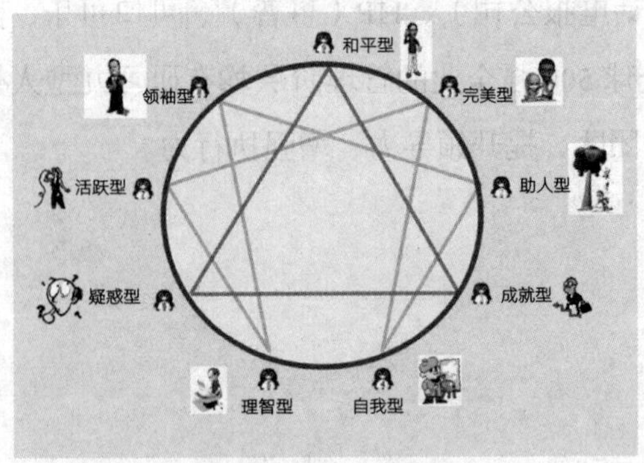

九型人格中的每一型都有自己的独特性。在实际生活中，每个人也都可以在九型人格中找到与自己的性格特征相近的一个类型。下面我们通过一个场景，先来对九型人格有一个大体的认识。

在车来车往的马路上，一个骑自行车的女孩被车撞倒了，这时九种不同性格的人上场了，他们会对此种情况做出什么样的不同反应呢？

一号完美型的人说："这是什么路啊！又破又窄，整天堵堵堵，早就该修整了。"

二号助人型的人说："哎哟！没事吧？有没有伤到哪里啊？"此时，助人型的人会赶紧帮忙查看女孩身上有没有受伤，还会掏出手机拨打120。

三号成就型的人说："大家不用担心，我来处理这件事，你们只要按我所说的去做就行了。"

四号自我型的人说："我以前也有过类似的经历，摔伤后躺在床上休息两个星期就好了！"

五号理智型的人说："车主要负主要责任，赶紧拦住他不能让他走，记住他的车牌号。"

六号疑惑型的人说："女孩本来骑得好好的，为什么会被撞到呢？女孩也没有逆行啊！我看这辆车的问题最大。"

七号活跃型的人说："喂，小姑娘，不要赖在地上了！没什么大事就赶紧起来上班吧，要不，我请你去吃饭吧！"

八号领袖型的人说："我要向有关部门投诉，要求他们立即维修路面。"

九号和平型的人说："各位少安毋躁，放心啦！没大碍的！"

此处的"九型人格"大讨论，是不是各有千秋啊！看完后你是不是也觉得，对待同一件事，九种类型的人说出了不同的话，特别有意思呢？

九型人格能量分析

乔治·伊万诺维奇·葛吉夫和伊察索研究证明：人的智慧存在着精神智慧、情感智慧和本能智慧三种形式，而这三种智慧分别对应人身体的三个中心：心、脑、腹。心中心——产生情感智慧，是感觉的中心；脑中心——产生精神智慧，是思维的中心；腹中心——产生本能智慧，是身体的中心。

后来，美国研究九型人格的著名学者凯伦·韦布在《九型人格：重现古老的灵魂智慧》一书中正式将九型人格归为三类，即九型人格三个能量中心：心中心、脑中心、腹中心。

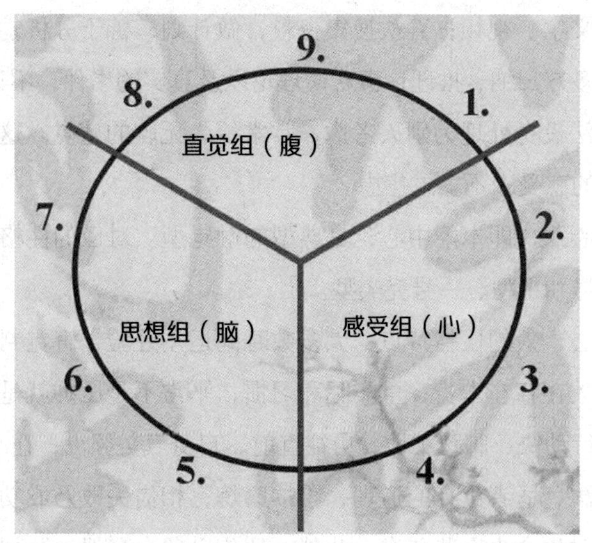

“心中心”，即感情中心。主要包括二号助人型、三号成就型、四号自我型。核心型号是三号成就型，此类人是典型的情感型和助人型的人，比如雷锋、张国荣等。

“心中心”人的性格特点：用“心”来感受一切，感情细腻，极其敏感，很注重人际关系，愿意用时间和精力来维持和呵护一段感情，跟人容易亲密，爱会让他们感觉到自己存在的价值和意义；喜爱新鲜刺激的事情，有点小资情调，追求高品质生活，有点“罗曼蒂克”；听觉型的“动物”，爱倾听及诉说，希望了解别人亦渴望被别人了解；爱憎分明，爱面子，比较容易流泪，情绪化严重。

“脑中心”，即思想中心，通常也被称作是“以脑部为中心”的人。主要包括五号理智型、六号疑惑型、七号活跃型。核心型号是六号疑惑型人，以思想为中心的这类人通常都是思想家，比如孔子、曹操、华特·迪士尼等人。

“脑中心”人的性格特点：冷静、理智得近乎残酷；极强的想象力、联想力及分析力，经常冥想，善于思考，做反省，发掘意念；视觉型的“动物”，爱看文字、视频；喜欢搜集资料，做计划，善于分析，做决定前必深思熟虑，多方归纳、推理；喜欢谈理论以及真实的事件，不喜欢谈感受，几乎没有办法设身处地为别人考虑，常常给人无聊的感觉。这类人平常会有两个极端的感受：不安或焦虑。

“腹中心”，即本能中心，是典型的触觉型。对应的性格类型是八号领袖型、九号和平型、一号完美型。

“腹中心”人的性格特点：大多数时间运用经验、直觉判断人和事，常常把焦点放在存在本身；重实际和习惯，平常不是压抑就是攻击，喜欢解决问题，行动快、脚踏实地、勇往直前、自身气势强大；在乎生存问题，相信优胜劣汰、适者生存的道理，不怕磨炼，相信失败乃成功之母，对自己有期许，对生命也有些要求；此外，他们以“自我遗忘”闻名，因为他们可能觉察不到对自己而言真正的优先事项为何，他们通过行动在世上补充能量并缓和愤怒，进而将不适应感降到最低。

以上我们所说的三个中心类别，每个人也可能同时拥有上述三个能量中心点，但由于每个人的性格不同，可能比较侧重于其中的一个能量中心。要了解自己是属于哪一个型号，必须专注于行为背后的“出发点”，因为行为是可以学习的，但行为背后的出发点则是从小培养、难以改变的。

九型人格测试，看看你是哪一类

为了更清楚地了解自己和他人的性格特征，我们可以拿起笔来做一做下面的这个性格测试。虽然这个测试不是绝对精准，但也是经过很多人验证后，得出的一个相对准确的测试，它能帮助你在较短的时间内判断出你属于九型人格中的哪一种。

下面有108个陈述，请你遮住括号前面的数字，凭第一感觉，在你认为符合自己的陈述前面做个记号，然后把同一数字后面的记号相加，比如数字“5”后面有六个记号，数字“6”后面有两个记号，数字“4”后面有三个记号，数字“1”后面有八个记号等。最后得出结论：记号最多的数字就是你所对应的性格类型。当然，这个结果只是一个参考性结论，并不绝对精确，更准确的判断还需要在深入了解九型人格之后才能获得。

九型人格简易测试:

6（）1 我很容易对一件事或一个问题感到迷惑。

1（）2 我不希望自己总是批评别人，但是很难做到。

5（）3 我喜欢研究宇宙的道理、人生的哲理。

7（）4 我经常在意自己是否年轻，因为那是我找乐子的本钱。

8（）5 我喜欢独立自主，一切都靠自己。

2（）6 当我有困难时，我会试着不让人知道。

4（）7 被人误解对我而言是一件十分痛苦的事情。

2（）8 给予比接受会给我更大的满足感。

6（）9 我常常设想最糟的结果而使自己陷入苦恼中。

6（）10 我常常试探或考验朋友、伴侣的忠诚度。

8（）11 我对一些不如我坚强的人表示鄙视，有时我会用各种方式去羞辱他们。

9（）12 身体上的舒适对我来说非常重要。

4（）13 我能触碰生活中的悲伤和不幸。

1（）14 别人如果不能完成自己的分内事，我会感到失望和愤怒。

9（）15 我时常犯拖延症，对问题不及时解决。

7（）16 我喜欢戏剧性、多姿多彩的生活。

4（）17 我认为自己非常不完善。

7（）18 我有着强烈的感官需求，爱美食、服装，喜欢带来刺激的东西，并纵情享乐。

5（）19 当别人请教我一些问题的时候，我会事无巨细地为他们分析清楚。

3（）20 我习惯推销自己，从不觉得难为情。

7 ( ) 21 有时我会放纵自己，做出僭越的事。

2 ( ) 22 帮助不到别人会让我觉得很痛苦。

5 ( ) 23 我不喜欢人家问我一些宽泛且笼统的问题。

8 ( ) 24 我在某些方面有放纵的倾向（比如食物、药物等）。

9 ( ) 25 我会尽力适应别人，包括我的家人、朋友、伴侣，而不会去反抗他们。

6 ( ) 26 我最不喜欢的一件事情就是虚伪。

8 ( ) 27 我知错能改，但由于执着、好强，周围的人还是感觉到压力重重。

7 ( ) 28 我常常觉得很多事情都很好玩、很有趣，人生真是快乐极了。

6 ( ) 29 我有时很欣赏自己充满权威的特性，有时又表现得优柔寡断，依赖别人。

2 ( ) 30 我习惯付出多于接受。

6 ( ) 31 面对威胁，我一方面会变得烦躁焦虑，一方面又会直面困难或危险。

5 ( ) 32 我通常是等别人来接近我，而不是主动去接近他们。

3 ( ) 33 我喜欢担任主角的感觉，希望得到大家的注意。

9 ( ) 34 别人批评我，我也不会回应和辩解，因为我不想发生任何争执与冲突。

6 ( ) 35 我有时期待别人的指导，有时却忽略别人的忠告，径直去做自己想做的事。

9 ( ) 36 我经常忘记自己的需要。

6 ( ) 37 在重大危机中，我通常能克服对自己的质疑以及内心的焦虑。

3（ ）38 我是一个天生的推销员，说服别人对我来说是一件轻而易举的事。

9（ ）39 我不相信一个我一直都无法了解的人。

8（ ）40 我爱依赖习惯行事，不太喜欢改变。

9（ ）41 我很在乎家人，在家中表现得忠诚和包容。

5（ ）42 遇到问题时，我被动且优柔寡断。

5（ ）43 我很有包容力，彬彬有礼，但跟人的感情互动不深。

8（ ）44 我在处理别人的情感需求时很沉默寡言，好像不会关心别人似的。

6（ ）45 当沉浸在工作或我擅长的领域时，别人会觉得我冷酷无情。

6（ ）46 我常常保持警觉。

5（ ）47 我不喜欢要对人尽义务的感觉。

5（ ）48 如果不能完美表态，我宁愿不说。

7（ ）49 我的计划比我实际完成的还要多。

8（ ）50 我野心勃勃，喜欢挑战和登上高峰的感觉。

5（ ）51 我倾向于独断专行并自己解决问题。

4（ ）52 在很多时候，我会有一种被遗弃的感觉。

4（ ）53 我常常表现得十分忧郁，充满痛苦且内向。

4（ ）54 当我第一次见陌生人时，我给人的感觉通常是冷漠、高傲的。

1（ ）55 我的面部表情经常显得严肃而生硬。

4（ ）56 我很飘忽，常常不知道自己下一刻想要什么。

1（ ）57 我常对自己很挑剔，期望不断改掉自己身上的缺点，成为一个完美的人。

4 ( ) 58 我的感受特别深刻，并怀疑那些总是很快乐的人。

3 ( ) 59 我做事有效率，也会找捷径，模仿力特别强。

1 ( ) 60 我讲道理，也看中实用。

4 ( ) 61 我有很强的创造天分和想象力，喜欢将事情重新整合。

9 ( ) 62 我不要求得到很多的注意力。

1 ( ) 63 我喜欢每件事都井然有序，但别人会认为我过分执着。

4 ( ) 64 我渴望拥有完美的心灵伴侣。

3 ( ) 65 我常夸耀自己，对自己的能力十分有信心。

8 ( ) 66 如果我看到有人做出过分的行为，我会想办法让他们难堪。

3 ( ) 67 我精力充沛且外向，喜欢不断追求成就，这使我的自我感觉良好。

6 ( ) 68 我是一位忠实的朋友和伙伴。

2 ( ) 69 我知道如何让别人喜欢我。

3 ( ) 70 我很少看到别人的功劳和好处。

2 ( ) 71 我很容易知道别人的功劳和好处。

3 ( ) 72 我嫉妒心强，喜欢跟别人比较。

1 ( ) 73 对别人做的事我总是不放心，批评一番后，自己会动手再做。

3 ( ) 74 别人会说我常常戴着面具做人。

6 ( ) 75 我会莫名其妙地激怒一个人，然后跟他吵架，其实我是试探对方爱不爱我。

8 ( ) 76 我会竭尽全力保护我所爱的人。

3 ( ) 77 我常常刻意保持兴奋的情绪。

7 ( ) 78 我只喜欢与有趣的人为友，不想理一些闷骚蛋，即使他们看来很深沉。

2（ ）79 我常往外跑，四处帮助别人。

3（ ）80 有时为了效率，我会牺牲完美和原则。

1（ ）81 我不太懂幽默，没有弹性。

2（ ）82 我待人热情有耐性。

5（ ）83 在人群中，我时常感到害羞和不安。

8（ ）84 我重视效率，讨厌拖泥带水。

2（ ）85 帮助别人获得快乐和成功是我认为最重要的成就。

2（ ）86 付出时，别人如不欣然接纳，我就会有挫败感。

1（ ）87 我的肢体硬邦邦的，不习惯别人热情的付出。

5（ ）88 我对大部分社交集会不太感兴趣，除非那是我熟识和喜爱的人。

2（ ）89 很多时候，我会有强烈的寂寞感。

2（ ）90 人们很乐意向我诉说他们所遭遇的问题。

1（ ）91 我不会说甜言蜜语，别人总是觉得我要求太高，爱说批评的话。

7（ ）92 我常担心自由被剥夺，因此不爱做承诺。

3（ ）93 我喜欢告诉别人我所做的事和所知的一切。

9（ ）94 我很容易认同别人为我所做的事和所知的一切。

8（ ）95 我要求光明正大，为此不惜与人发生冲突。

8（ ）96 我很有正义感，有时会支持不利的一方。

1（ ）97 我注意小节但效率不高。

9（ ）98 我容易感到沮丧，有时麻木多于愤怒。

5（ ）99 我不喜欢那些侵略性强或过度情绪化的人。

4（ ）100 我非常情绪化，一天中喜怒哀乐多变。

5（）101 我不想别人知道我的感受和想法，除非我告诉他们。

1（）102 我喜欢刺激和紧张的关系，而不是稳定和依赖关系。

7（）103 我很少用心聆听别人的心情，只喜欢说俏皮话和笑话。

1（）104 我循规蹈矩，秩序对我十分有意义。

4（）105 我很难找到一种真正感到被爱的关系。

1（）106 如果我想结束一段关系，我不会告诉对方，而是激怒他，让他主动离开。

9（）107 我温和平静，不自夸，不爱与人竞争。

6（）108 我有时善良可爱，偶尔又粗野暴躁，很难琢磨。

测试结果：

1 号共计（　）个，对应的是完美型；

2 号共计（　）个，对应的是助人型；

3 号共计（　）个，对应的是成就型；

4 号共计（　）个，对应的是自我型；

5 号共计（　）个，对应的是理智型；

6 号共计（　）个，对应的是疑惑型；

7 号共计（　）个，对应的是活跃型；

8 号共计（　）个，对应的是领袖型；

9 号共计（　）个，对应的是和平型。

九型人格的测试从某种程度上来说，还是具有一定的准确性的。但研究九型人格的专家还是建议人们不要急于确定自己的类型，因为许多类型之间也存有很多相似之处，这就需要人们选择两三个比较接近的类型，并留意每一种类型中的解析，提高自己的观察力和分析力，这样才能更准确地判断自己属于哪一个类型。

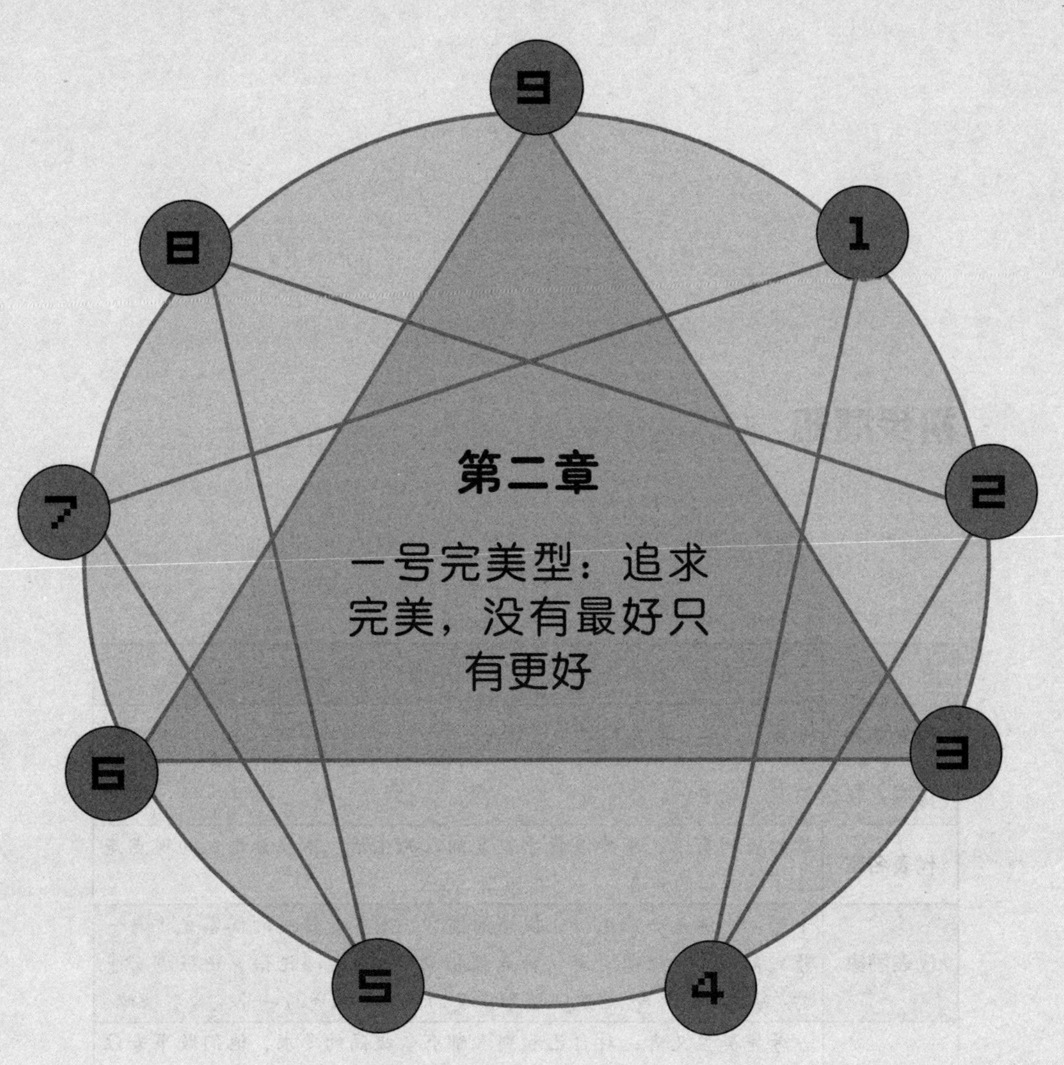
9
1
2
3
4
5
6
7
8
第二章
一号完美型：追求完美，没有最好只有更好

初步感知

角色定位	完美主义者、理想崇高者、捍卫原则型、秩序大使、道德家等。
代表动物	斗牛犬、啄木鸟、蚂蚁、蜜蜂等。
代表人物	商鞅、孙中山、乔布斯、撒切尔夫人、刘德华等。
代表名言	你的时间有限，不要浪费于重复别人的生活。不要让别人的观点淹没了你内心的声音。——乔布斯
代表国家	中国。中国是一个很讲究规矩的国家，尤其是传统的儒家文化与一号完美型人身上所呈现的特点很相像。比如，《论语》中强调君子要“每日三省吾身”，这一追求完美的自我要求也与一号完美型很像。
主要特征	一号完美主义者，对自己和别人都有着极高的要求，他们做事专注细节，力求做到最好。也因事事都追求完美，因此希望对每一件事都能尽量做到亲力亲为，对合作伙伴缺乏信任。但他们这种凡事追求完美的性格特质，使得他们极富责任心，做事认真，判断准确，比较容易成为道德的楷模。

性格特征——整体认识一号完美型

说一号完美型的时候，我们不妨先来听一个小故事，从这个故事中你应该就可以大概明白一号完美型人的典型性格特征了。

有个雕刻家做了一辈子雕塑，对于每一件雕塑，他都要求做到完美，不容有一点瑕疵，因此他做的雕塑样样都是精品。一天，他预感到自己快要死了，为了逃避死亡，他做了十一个自己的雕像，然后藏在十一个雕像中间，屏住了呼吸。

死神来找雕刻家的时候，发现有十二个一模一样的“雕刻家”，一时不知道该带走哪一个。于是，死神就去问上帝，上帝告诉死神一句话，让死神走到雕刻家屋里的时候再说出来。

于是，死神再次走进雕刻家的屋里，并对着十二个“雕像”说：“这些雕像本应是非常完美的艺术品，只可惜啊，有些地方没有雕刻好呀，唉，败笔呀，可惜了。”

“在哪里？真的吗？快指给我看看。”此时，藏在雕像里面的雕刻家迫不及待地跑了出来。

“哈哈，抓到你了，你忘了你就是瑕疵，天堂都没有完美的东西，何况人间呢？走吧，你该去上帝那里报到了。”死神说。

这虽然只是一个虚构的小故事，但是说出了一号的性格特征——追求完美。一号不但要求自己完美，同时也要求别人完美。

作为一名讲师，平时的时候，我不是在会场讲课，就是在飞往会场的路上。几年下来，也确实去过很多地方，见过很多人，他们中有企业高管，也有娱乐明星，还有自由职业者和在校大学生等。我有一个习惯，就是每次在开始讲课前，都会坐在讲台上不起眼的地方，默默地观察陆续走进课堂的人，我觉得这很有意思。因为课程还没有开始的时候，大家都是没有防备心的，这个时候的他们往往最真实。

这天，我又像往常一样坐在讲台的一角，默默地看着陆陆续续走进来的人，我看到一个穿着黑色衬衫、头发梳理得很光滑的男士走了进来。这位男士很高很瘦，有一米八的样子，进屋后他选了中间的座位坐了下来，然后把身上背着的挎包放在了旁边的座位上。在我的印象中，男士一般都不怎么背包的，他却背了一个包，我不由对他产生了兴趣。

此时，我心里想，这位男士应该是九型人格中的一号吧，就这一会儿，他身上就展现出了很多一号的特点。为了验证我的判断，我特地走到了他身边与他聊了几句。

我说：“您好，非常高兴您能来听我的课。”我一边说一边伸出手与他握手。此时，这位男士显得很平静，伸出手与我客气地握了一下后，一双手就又规规矩矩地放在了两个膝盖上。当我准备进一步问他是从哪里知道我的课程时，他却先开了口，说：“你们这儿也太难找了吧，我找了老半天才找到，下次你们能不能把地方选得好找一点儿。”

我说："不好意思啊，可能有点儿远了。但是，只要您今天能好好听课，一定会觉得不虚此行的。"男士说："您可真敢说，我可是听了很多人的课程呢，他们应该不会比您讲得差。"我暗自窃喜："看来我的猜测没有错，他果然有点一号的特性。"

于是，我打趣地笑着说："那您今天来是向我'找碴''挑错'来了？"听到我这样说，男士有点不好意思地说道："那倒不是的，我不过是想听我想听的东西罢了，我现在已经迷上了这个课程，所以我一定要把它吃透弄懂，为此，我都两个月没有陪孩子出去玩了……"

讲课的时候，因为屋里人比较多，空气不流通，很是闷热，一位女士就把空调打开了，并且调到了18摄氏度。谁知那位女士刚开完空调，这位男士就径直走过去把温度调到了26摄氏度，之后说道："天气是很热，但是温度调太低对身体不好，尤其是对女性朋友，所以开到26摄氏度就行了。"

中午下课的时候，我说："下午一点半的时候，大家一定要准时到。"这位男士很准时，大家都还没有到的时候，他已经坐在了座位上。到了一点半的时候，还有几个人没有到齐，这位男士就走到我面前说："刘老师，赶紧开始吧，时间到了。"我说："你不想等等大家一起学习吗？"他说："这些人一点儿时间观念都没有，上午都说好了一点半开始的，真不想等他们。"我安抚他说："您先坐吧，再等五分钟，五分钟后，咱们就讲。"男士说："好吧，就五分钟啊！"我笑了笑，点头应允了他。此时，我的心里已经十分肯定他是一号完美型的人了。

故事中的这个人就是典型的一号完美型性格的人，他们一般体型偏瘦、穿着整洁、不爱迟到、要求高、爱揪错、爱批评、爱抱怨。下面我们来具体了解一下一号完美型人的性格特征。

一号是天生的"完美主义者"，既要求自己完美，也要求别人完美。总是神经质地认为："为什么你（我）没有做到完美？"有时，他们为了追求完美，总是给人一种吹毛求疵的感觉。比如，一号人如果发现自己的方案中有一点不合理的地方，他就会全盘推倒，从头开始，绝不会说“改改就行”这几个字。一号的原则性很强，心中时刻挂着一张列满“应该与不应该”的清单。白就是白，黑就是黑，错就是错，对就是对，没有中间地带。一号的代表人物有包公，包公讲究原则，为了正义还曾亲手斩了自己的侄儿。

一号性格者谁的错误都敢挑，不管是领导还是即将结婚的对象，因此被誉为“造诣很深的挑错专家”“国际警察”。他们的眼睛常常最先看到的是错误、缺点和毛病，因此他们往往能成为改革者和管理人才。他们还是具有崇高理想和较高的道德底线的人，一般不会做错事，也不愿意与品行不好、业绩差的人交朋友，他们害怕自己会受不良习性的影响。在婚姻生活中，一号不容易出轨，不会赌博，因为他们知道这是不道德的行为。在工作中，一号也是公平、正义的人，他们不会为了个人利益而走后门，所以往往不能较快升职。

因为一号过分追求完美，所以他们害怕做决定，害怕因为做出了错误的决定而被人批评。他们常常会因为太想把事情做好，反而做事效率很慢，耽搁工作进度。比如，一号为了能出色地完成一篇论文，常常会查找很多资料，并想把很多资料都整理到一起写到论文里。可是由于太过细致，常常不能按时交论文。

一号完美型人喜欢按规则办事，不喜欢没有规矩的人。他们有时会像一把“尺子”一样到处丈量。因此排队时，有人若想插队，千万不要插到一号的前面，他们绝不允许，当然也不能插到他们附近的人的前面，因为他们是公平和正义的化身，他们看到有人插队，会立刻站出来指责的。

童年生活——一号完美型性格形成

内心情感

基本恐惧	担心自己犯错、不成功。
基本欲望	希望凡事都做到完美，一切都在正确的轨道上进行。
基本忧虑	担心事情做得不完美。
潜在恐惧	受自己良心的谴责或遭他人责备。
潜在渴望	事事追求完美，把事情做对。
世界观	这个世界应该是完美的；如果不完美，一定要用正确的方法把它变得完美。
行为动机	力求完美，有原则，理性正直；时常压抑自己不理性的一面，怨而不怒。
注意力焦点	什么是对的、正确的；什么又是错的、不正确的。

续表

强迫性行为	强迫自己做到完美；控制情绪，避免发怒。
个人陋习	挑剔，不耐烦或者生气；固执地坚持自己的观点。
性格倾向	关注细节，细致严谨，善于安排、计划并且贯彻执行；具有绝对的价值观，冷静，客观而理智，执着而严肃；被动、凭直觉办事；注重纪律，抑制个性，对自己和他人有较高的要求。

一号完美型性格形成的可能性原因——童年模式

一个人的行为，有好有坏，但不管好坏，很多都来自家庭生活的影响。一号完美型人的父母或者长辈从小就对他们要求严格，甚至达到了吹毛求疵的地步，希望他们凡事都能做到最好。在他们小时候犯错误的时候，他们的父母也会严厉地批评他们，有时候，甚至会用棍棒鞭笞。

他们中的很多人依稀记得，自己发誓再也不做某件被认为是错误的事情。由于从小很难得到他人的肯定和赞美，所以内心十分渴求他人的赞许，在这种心理的驱使下，他们就会变得对自己要求很高，从而符合长辈或他人的要求。

我的母亲一直想成为一名舞蹈家，但童年的家庭生活严重地阻碍了她梦想的实现，结婚后，她有了一点能力，于是开始尝试着学跳舞。可刚学半年，她就发现自己怀孕了，于是不得不暂时搁下了自己喜爱的舞蹈。她本想生完孩子后再跳舞的，但她的身材已经严重走样，于是不得不放弃了舞蹈梦想。

有一天，母亲问我是否愿意跳舞，她说如果我跳舞，她肯定很开心。我心疼她，于是放弃了自己热爱的钢琴，选择了跳舞。从此，我就成了母亲舞蹈梦想的延续者。

小时候，每当我做完作业想要与小朋友玩一会儿的时候，我总是会想到母亲那双期盼的眼睛，会想到她在我耳边的叮咛。我站在窗台前，咬着嘴唇，看着楼下愉快玩耍的小伙伴们，眼泪在眼中打转，我多想加入他们呀，可是我不能，因为我要练习舞蹈。有时候，我也会告诉自己："玩一下，没事的，就十分钟，五分钟也行啊。"可我总是仅限于想想，不敢用这宝贵的练舞时间去玩，因为我想把舞蹈练好，练到最好，无可挑剔，只有这样，母亲才会开心。

受小时候家庭环境的影响，一号人常常谨小慎微、遵守规则和秩序，以免自己犯错，遭受别人的苛责。为了让父母或者老师满意，他们在孩童时就强迫自己把一切都做到完美，并时刻检讨自己。如果做得不够完美，他们又会苛责自己，因此常常会感觉活得很辛苦，但又不敢放开手脚去玩耍。当看到别人轻松快乐、自由自在地玩耍时，他们的内心又会产生怨恨和沮丧的情绪。一号完美型的人，从小就想成为好孩子，并且也是好孩子，他们的生活经历使他们明白自己必须做有能力、有责任感的"小大人"。只有这样，他们才能获得自己想要的，或者更好地生存下去。

一号人在童年的时候，总是被寄予很高的期望，他们本应无忧无虑地生活，可现实生活却让他们过早地体会到了"世态的炎凉""人情的冷暖"。他们必须自己学着做很多事情，理解很多事情，这些事情很可能不是他们这个年龄段的孩子应该承担的，但他们却得学会面对。

童年时期的一号完美主义者，如果他们的父母不能满足他们的需要，他们就会自己变成自己的"父母"。由于身边亲近的人都无法给予安全感，所以一号性格的孩子也不敢奢求外人给予任何安全感，长时间下去，他们就只能自己照顾自己，迫使自己变强大。抑或，童年时期，一号性格者的父母对他们要求很严格，不允许他们犯错，经常告诉他们"犯错是可耻的""不完美是对人生的不负责任"等话语，教导他们应该朝着完美的人生努力，长时间下来，他们就会成为事事都追求完美的人。

从小我就知道怎样把一件事情做好，怎样才算是把一件事情做好。我没有评判的标准，我评判的标准是"我父亲的标准"。我父亲说我对，我就是对，他说我不对，我做得再好也是不对。可是，童年时期的我很叛逆，就是要与父亲较劲，于是我想，我如果把一件事情做得更好，甚至超出了父亲的想象，超出了他所谓的“正确的标准”，那么，我就可以按照自己的想法和做法做事情了。

总之，从某种意义上来讲，一号完美型人从小就觉得，自己必须做得更好或者学得更好，超出父母对他们的要求，才能不受批评、不被限制。于是，他们给自己设定了一套规则：凡事一定要做到最好，做到极致。

心理咨询——一号完美型人的闪光点和不足

闪光点：爱秩序、守规则；严谨细致、精益求精、追求完美；高度自律、他律。

米开朗基罗是意大利文艺复兴时期伟大的绘画家、雕塑家、建筑师，也是一号完美型人。在创作经典的《摩西》、《大卫》等雕塑前，他曾在停尸房里亲自解剖尸体，研究人体的肌肉和筋腱。可以说，他比同时期的雕塑家都研究得深入，因此他的创作在当今仍被推崇，并被视为珍品。

米开朗基罗以完美的标准要求自己，所以他的作品才会引起巨大反响，流传后世。米开朗基罗可以说是完美主义的化身，他对“完美”的极致追求可谓是达到了极点，而这也正是他事业成功的关键。

一号完美型人有着极强的责任感，重承诺，守信用，注重秩序，有强烈的自我批判精神。他们做事有着极其规范的标准，很少马虎大意，同时他们也要求别人按规矩办事，如果碰到不守规矩的人，他们就忍不住去质问或责备他们。在他们看来，责备这些不守规矩的人是“应该”的，这是为他们好，是为了让他们改正缺点，促使他们进步。

一号一旦确定了自认为有价值的目标时，就会以超出常人的努力和热情尽力去完成，并且要求做到尽善尽美，稍有一点瑕疵就会马上改正，不断完善，直到满意为止。不知道你是否记得，学生时代有这么一个人，当他在上交给老师的作业本上写了错字的时候，他不会把错误涂掉，而是会一把撕掉这一页，即使他已经快要写完了，他也要撕掉，因为他的思维中绝不允许“一颗老鼠屎坏了一锅粥”。他们自律、主动、遵守规则，有着严格的作息时间，甚至早上几点起床、中午几点吃饭、晚上几点睡觉，他们都会遵循一定的规律来，很少改变。他们会坚守标准，极少妥协和退让，为了做正确的事情，他们不惜做出自我牺牲。他们无法忍受自私、任性等任何不道德的行为，如果他们答应了你做一件事，绝对不会故意草率完成，肯定会精心筹划。他们绝对是一个值得信赖的人，虽然他们那种“你不如我”的逞强态度容易招人厌恶，但出发点通常是好的。

完美主义者极具天赋与创造力，他们擅长音乐、哲学、诗歌与文学。亚里士多德说过：“所有的天才都具备完美型的性格特点。”在很多领域，一般能取得伟大成就的人大多都具备完美主义的性格特征。他们天资聪颖，后天又对自己严格要求，有崇高的人生目标和严格的做事准则，所以才会取得巨大的成就。

一号完美型人的性格在其他性格的人看来是近乎偏执和苛刻的，但他们身上所具有的对工作孜孜不倦的追求却是在这个物欲横流的社会中尤为珍贵的。细想一下，这个世界如果没有一号完美主义者，就会少了许多经典的作品和伟大的创造，同时世界也会少了很多发明家、科学家、工程师等。

不足：严肃古板、不善创新；办事效率低；苛刻、挑剔、吹毛求疵；支配欲强；经常爱愤怒、憎厌、爱发脾气。

有个一号性格的女孩，刚刚认识了一个男孩，本来她还想和这个男孩有进一步的发展，但突然有一天，她发现男孩在公共场合不顾众人的目光大声地打电话，女孩感觉男孩的这一行为非常不文明，于是就主动与其断了联系。旁人觉得，两人郎才女貌非常般配，分开实在让人惋惜，可是女孩的想法是：这样的人根本不配与自己在一起。

这些在别人眼里微不足道的小事，在一号看来却是不可原谅的。所以，很多时候，一号完美主义者经常给人留下吹毛求疵的不好印象。

一号完美型人挑剔、苛刻，希望每件事都能做到最好，且总是将这种高标准强加给别人，如果别人达不到他的要求时，他会不由自主地表现出轻蔑或看不起的态度。因此，他们也常常会因为身边的人不能满足自己的“完美追求”而产生很多烦恼，尤其是一号完美型人与异性谈恋爱时，这种性格总是会让他（她）不能顺利开展一段感情。

一号完美型人对别人的批评亦极其敏感。如果他们偶尔听到有人提及自己的名字，就一定会觉得有人在背后说自己坏话。比如，你和同事谈话快要结束的时候，一号完美型人走了过来，而这时你们的谈话正好结束，此时一号就会感觉“怎么我来了，你们就不说了，肯定在说我坏话”。但他们不会特意地表现出自己的不愉悦，喜怒不形于色是他们的一大特点，因此，很多时候，他们又会显得呆板严肃。

一号完美型人很讨厌喜欢掌控别人的力量型人，但其实他们自己又何尝不是在通过情绪控制着他人呢。很多时候，当朋友知道一号完美型人心情不好或者情绪低落的时候，就会表现得非常小心，生怕招惹到他们。通常情况下，与一号人维持一段关系会十分吃力。

沟通技巧——如何与一号完美型人和谐相处

知人先知面

身体语言	腰板挺直、肌肉紧绷、目光直视，可以长久保持同一姿势。
谈话方式	精确直接，目标明确；缺乏幽默感，毫不留情；重复说一句话；速度偏慢，声线较尖。
常用词汇	应该、应当、必须；正确的、好的、错误的、正当的；照规矩等。
面部表情	严肃、不苟言笑；给人压迫感，有很强的能量。
外貌	犀利、挑剔、精明、严谨细致。
着装特征	干净整齐，成熟稳重，不喜欢花里胡哨的衣服。

小娜的上司是典型的一号完美主义者，初次接触，小娜觉得上司干练利索，能力超群，让她十分佩服，可时间久了，她发现上司总是挑三拣四：

她熬夜赶出一份自认为非常完美的方案，第二天就被他一句话否决了；有时候，客户都认可的方案，而他却说不够漂亮……

久而久之，小娜有些灰心丧气，觉得自己永远无法达到上司的要求。更为可笑的是，这位上司有个“癖好”——他在自己的电脑、烟灰缸、茶杯等的位置上都贴上纸条，让人必须把动过的东西都不差分毫地放到原来的位置上。一次，小娜给他倒了杯咖啡，没有放在咖啡杯原来的位置上，结果被他大骂“不长脑子”。小娜觉得跟这位一号上司相处好难，因为无论她做什么，都得不到上司的一句肯定，相反几乎全是“冷嘲热讽”和“枪林弹雨”。

一号上司制定的规则不容更改、永远是对的，小娜不能有一句反驳，只能无条件执行。很多时候小娜觉得很委屈，一年下来都被这种气氛压抑着，她感觉自己都快得抑郁症了，她好想离开这位上司，但又觉得跟他能学到很多东西，所以一直犹豫不决。

很多人害怕与一号完美型人相处，因为他们极高的要求常常让人望而生畏，他们爱挑毛病的习惯也让人不敢靠近。一号完美型人就像池中高洁的睡莲——“只可远观，不可亵玩焉”。那么，我们应该如何与一号人相处呢？

一号人有较高的道德准则，所以他们比较厌恶那些不守规矩的人，特别是当这些人越矩得逞时。因此，与一号人相处，我们要特别注意不要触碰他们的道德底线，做人做事要守规则、讲规矩，这样才能与他们和谐相处。由于一号人对自己、对他人有很高的要求，倾向于挑剔，所以还要特别注意尽量按他们的要求去做，不要降低做事的标准，不要大意，要细心谨慎，尽量把事情做好。与一号沟通时要态度真诚，不可耍伎俩；说话要直截了当，不可拐弯抹角；表情要严肃正经，不可嘻嘻哈哈。

一号人喜欢每件事都井井有条，按顺序编排去做。他们不断拿自己和别人比较，经常自我责备，也会经常要求他人按自己的标准去做事情。所

以，与一号相处时，还要特别注意有一颗坦然之心，对他们的批判和指责不要刻意纠结，因为他们往往是对事不对人，只是希望事情做得更好而已。与一号相处时，你可以适时表现出幽默感，倾听他们的想法，缓和他们的严肃和紧张，借以引导他们放松心情，凡事朝正面想，鼓励他们多与别人分享自己的快乐。

面对固执的一号，如果你想表达自己的观点，请尽量选用逻辑的方式而不是感觉来阐述，只要符合逻辑，他们会接纳你的意见。除此之外，无论是朋友还是爱人，永远不要试图操纵他们，他们就像握在手里的沙子，越想把他们抓在手里，他们跑得越快。

温馨提示：

一号喜欢的：真诚赞美他们的做事风格；有原则和底线，公平正义；愿意接受批评，并积极改正；有责任心和魄力……

一号厌恶的：破坏秩序，不守规则；无原则，没有人生目标；说话办事没有逻辑性；得理不饶人……

职业发展——一号完美型人职场认知

职业规划

适合的工作	会计、质检员、纪检员、监理、教导主任、编辑等。
不适合的工作	风险性高、变化大的工作。
适合的环境	权责分明、架构明显、目标明确、井然有序的工作环境。
不适合的环境	新环境，秩序混乱、基本前提及评判规则经常改变的环境；评判基于感情甚于标准程序的环境。
工作状态	典型的工作狂，他们的工作和生活常常混在一起，在他们眼里，自己或家人的无所事事是他们无法忍受的。在工作中，他们总是以超高的标准要求自己，容不得有半点差错，因此，他们总是能严格按照上司的要求来保质保量完成工作。

乔布斯，苹果公司创始人，一位不折不扣的完美主义者。他曾经说过

这样一句话："如果要做成一件事，你就要对它十分、十分热爱，否则就没有任何意义。"尽管乔布斯已经离世，但人们对他的尊敬并无消减。乔布斯有着近乎残酷的完美主义倾向，正因为有了这种性格，他才能把"苹果"打造得如此成功。

在"苹果"的新产品研制中，乔布斯常常要求技术人员做出超越常规能力的东西，以至于很多人难以忍受乔布斯的挑剔。当时，网上还流传这样一种说法："没有人可以跟乔布斯合作一次以上。"

乔布斯曾要求一位设计师在设计新的Macintosh电脑时，不能从表面看到一颗螺丝。结果，那名设计师设计的模型里有一颗螺丝露出了一点点儿，乔布斯立即把他开除了。在乔布斯的观念里，他宁可开除一名员工，也不愿改变其对完美的执着追求。所谓"不换思想，就换人"是他一直坚持的原则。

苹果公司在之前生产和研发了一百多款产品，后来乔布斯砍掉了其中的很大一部分，到最后只剩下四款：苹果手机、iPad、iPod、电脑。这些产品简单精致、质量高端、线条规整，连角度都大多数是直角。可以说，这四款产品精准地代表了乔布斯的"完美主义"风格。

乔布斯对完美的追求是疯狂与忘我的，他对人性的至察和通明，对图文、象形表达的痴迷，使得他能够最真切地把握用户的潜在需求。他那近乎残酷的完美主义做事风格，无疑给他的团队和合作伙伴树立了很好的榜样。

斯人已去，但乔布斯却留给了世界一份至高无上的精神财富——他无疑将完美主义的做事风格积极地展示给了世人，给人们留下了一股追求极致的正面能量。在事业的舞台上，乔布斯无疑是打造精品的代表人物，是技术领域的标杆，他带给人们的影响力是不可估量的。在事业的道路上，再也没有什么比得上这种荣誉所铸就的辉煌更灿烂的了。

职场上的一号追求完美，毕竟工作是安身立命的本钱，是体现自身价值的地方。在九型人格中，一号完美型也是职场中最有意思的一个类型。有意思的地方是：如果一号是员工，那么他希望自己的上司或者直接上司也是一号完美型的人；如果一号是领导者，那么他希望自己的员工或者说公司内部的所有人都是一号完美型的人。

一号完美型领导的职场作风

一号领导者一般都善于制定规则、制度、计划和方案，并且他们一旦制定了某项规则后，就不会轻易改变。因为，一号领导者在制定某项规则之前已经做了详细而完备的思考和计划，制定出来的东西一般没有错误，除非有员工能条理清晰、有理有据地指出，否则他们不会改正。

一号领导者在具体实施计划的时候，如果遇到确实需要调整的情况，他们的工作进度就会放慢，此时他们会更加细心和谨慎，完美主义的作风很浓烈。当一号领导确定某项计划和方案确实需要调整的时候，他们会再次 360 度无死角地看问题，这时他们可能又会发现很多问题。

一号性格的领导一般不会走捷径，他们的升职都是靠自己的实干得来的，因此他们比较看重公司中与他们年轻时一样能干的人，当他们知道某位员工工作特别卖力的时候，会很器重他。由于一号的完美主义倾向，他们更喜欢长相好、能力强的帅哥或者美女，这里的喜欢应该理解为器重和欣赏。

完美主义者的领导有责任感和正义感，能以身作则；他们赏罚分明，对就是对错就是错，所以在下属眼中，他们是公正的好领导。一号上司有一个清晰的工作计划，总是很清楚谁该做什么事，谁该向谁报告，他们对属下以及应该执行的任务施以强硬而富指导性的控制。在一号性格的领导看来，一些重要的工作，委派他人是靠不住的，那可能使任务无法完美达成。他们在一开始便预知结果，心中对“正确”的结局以及达到目标的原理非常清晰，他们的领导方式是以强制的手腕与属下分享心中的想法，他们要求员工必须明确按照自己内心的想法来行事。

一号上司总是觉得自己是对的，其他人都是错的；他们常常看到下属做得不好的地方，并在第一时间指出，且希望对方严格按自己的标准去改正、完善；他们喜欢批判周围的人，给人的感觉就是吹毛求疵、循规蹈矩、不善创新。

一号完美型员工的职场作风

一号性格的领导有点小傲气，一号性格的员工也有点小傲气，他们不喜欢地位低的公司，如果你问他们最想上哪里工作，他们肯定会说“世界五百强”。一号员工通常有点被动，他们是一匹需要被发现的“千里马”。

一号性格的员工应该算是比较听话的员工，一般领导指哪，他们打哪。他们喜欢清晰而明确的工作方向和目标，不喜欢模糊不清的指示。比如，打扫卫生时，你千万不要对他说“快点打扫卫生了”，应该明确地跟他说“快点把你面前的地板用水擦擦”。

一号性格的员工会把一切都准备好后才开始工作，他不喜欢太多变化的工作，那样会让他觉得“头疼”。如果遇到错误他还会全盘推倒重来，遇到紧急情况的时候，可能会非常焦虑。但他们不会对老板没完没了、精益求精的工作要求抱怨，因为在他们心中，自己设定的目标比老板要求的更高。为了完成老板分配的任务，哪怕加班到深夜，他们也会在承诺的时间内尽力做完、做好。

总之，一号性格的员工好胜心强，不喜欢承认自己的错误；遇到不会的问题，他们通常是自己解决，也不愿意请教别人；他们善于发现公司内部的问题，但不愿意“做第一个吃螃蟹的人”，除非有人先发现了这个问题，当别人提出来的时候，他们才会做一个“追加”；他们希望得到上司的肯定和赞美，希望自己成为上司的得力助手，并希望在整个团队中得到快速的认可和提升，崭露头角，获得职业的升迁。

销售技巧——如何“捕获”一号完美型客户

朋友是卖手机的，有一次，他的店里来了一个客户刘先生。刘先生穿着笔挺的西装、打着领带，很是严肃。进店后他在手机柜台前看了好一会儿，看看这个，试试那个，非常认真。看了一会儿后，刘先生拿着一款手机对朋友说：“这个手机，我妹妹在用，我也想给我女儿买一台，但是有一点让我不满意，这款手机使用时间长了会发热……”

朋友一听，感觉刘先生有买的意向，心里很高兴，于是就给刘先生说明了引起手机发热的原因，然后打开电脑给刘先生介绍这款手机在同类手机中的排名，以及这款手机手感好、轻薄、便于携带，是非常符合女性需求的。最后，朋友还拿出手机盒里的说明书，对比着手机，一点一点地比画着给刘先生讲解手机的性能及各项用途。

刘先生听完朋友的讲解后，又提出了一个问题：“这款手机我也看了很长时间，可是它与同类性能的手机相比，价格还是高了点，您能说说为什么吗？”

可能是因为讲解了那么多，刘先生还没有下决心要买，朋友感到不耐烦了吧。于是，朋友就坐在柜台前，跷着二郎腿，手里拿起另一部手机边旋转边说：“贵肯定有贵的道理了，孩子吗，用一个差不多的就行了，这个就行。手机都是一两年一换的，或许你女儿使用不了多长时间就想换了，这个手机便宜，坏了也不心疼，这样的就可以了。”

刘先生一看朋友的态度，也没有再说什么，在店里转了几下，就走了。

故事中的刘先生就是一个典型的完美主义者。与他们沟通的时候，一定不要说很随便的词语，比如大概、也许、可能、差不多；应该多说有理有据的话，千万不要模棱两可，企图欺骗他们。如果他们感觉作为销售员的你不专业，或者想要敷衍他们，他们就不会信任你，更不会购买你的东西。

那么，在具体的销售过程中，销售员应怎样与一号完美型客户沟通呢？

在向一号完美型客户介绍产品的时候，可以适当说一些含有“最”字的词语，比如：最美、最漂亮、最实用、最优秀等。这些词语对他们特别有吸引力，但切记不可说太多，要适度。当然与一号客户沟通时，不要想着“打感情牌”，说太多“含情脉脉”的话，要直奔主题，多介绍产品的性能、用途和实用价值。

给一号性格的客户介绍产品时，销售员的声音要坚定有力，给客户一种自信和有权威的感觉，销售员的自信会使客户更加认可你以及你的产品。当然，销售员的语速一定不能太快，对于一号客户来说，过快的语速表明销售人员根本就没有认真思考自己说的话。没有认真思考，又怎么能把产品说明白呢？

此外，与一号完美型客户说话的时候，一定不要做小动作，比如：抠手指、抖腿、打哈欠、转笔等。如果销售员无意识中这样做了，一号性格的客户是无法对其产生信任感的。

与一号客户沟通时，销售员一定要做到坦率真诚，知道就说知道，不知道就说不知道，要站在对方的立场上思考问题，切实说出对方想知道的事情，不要模棱两可，企图欺骗。

婚恋关系——一号完美型人的情感密码

目标型号

一号的“夫唱妇随”型	一号完美型、三号成就型、五号理智型
一号的“优势互补”型	二号助人型、七号活跃型、九号和平型
一号的“动力成长”型	四号自我型、六号疑惑型、八号领袖型

王先生是一个非常讲原则的人，不管是对合作伙伴还是对爱人都是如此。凡事如果没有八九成的把握，他肯定不做肯定不说，对于名不副实的东西，他也非常厌恶。

有一次，他带着妻子和女儿一起去云南旅游。中午的时候，他们在当地的饭店吃饭，妻子感觉饭店里的饭菜不怎么合自己的胃口，于是就点了一份炸酱面，女儿则要了一杯北京老酸奶。此时，王先生有点生气了，他

觉得大老远跑到云南来，竟然点了这些东西，不是应该吃点儿当地的特色吗？最重要的是，这里的炸酱面和酸奶也不正宗啊。

另外王先生的妻子很喜欢穿高跟鞋，但王先生就是看不惯，他知道女人长时间穿高跟鞋对身体不好，况且妻子已经够高了，完全不需要高跟鞋来拉高身材了。关于不让妻子穿高跟鞋的事情，他与妻子沟通过很多次，可妻子还是想要穿高跟鞋，毕竟穿高跟鞋可以很好地展现一个女人的气质。因为穿高跟鞋这一件事，王先生可没少跟妻子吵架。

一号完美主义者觉得自己必须是一个“完美的人”，才能谈恋爱或者结婚；与此同时，他也会要求自己的另一半也是一个“完美的人”。对于做事不讲规则，没有时间、道德、原则观念的人，以及不尊重人、不上进的人，即使长得非常帅或者漂亮，一号也不会喜欢。

两性关系中的一号完美型

这是一个看脸的时代，一号也喜欢漂亮或者帅气的人，但是别忘了，他们也是非常注重内在的，如果一号的另一半有着非常高的专业成就，那么他的爱会更加热烈。比如，一号完美型的女孩会非常崇拜既会弹吉他又会修电脑的男孩，她会觉得，这个男孩无所不能，简直是太完美了。

在婚姻生活中，为了能让心爱的人过得更好，为了能让家庭生活更幸福，一号会努力充实自己，学习各种知识和技能，以求获得更多的金钱和更高的能力。“为了你的幸福，我可以做一切的事情。”在情感关系中，一号就是这样的人。

一号性格的人特别有大局观，不论两个人的关系里发生了什么样的事情，他们都会表现得沉着、冷静，并能从容应对。就算另一半要分手，他们也不会“一哭二闹三上吊”，或许他们会在某个角落默默流泪，但绝不会当众哭泣，一号的世界里没有歇斯底里的时候，他们也不允许自己这样。

无论是对家庭还是对恋人，一号都会很忠诚，劈腿对他们来说是不可能的事情，而且他们也十分厌恶小三，觉得小三不忠诚。可以说，与一号完美型的人在一起，爱人会十分有安全感。

在日常生活中，一号通常愿意承担烦琐的家务活。当爱人受到不公平的对待时，或有人与其发生矛盾的时候，他们会成为爱人的坚强后盾。

一号很“完美”，可是有时却让爱人……

由于对完美的执着追求，一号人总是会要求爱人按照自己的要求生活。比如：下班回家一定要换鞋、挤牙膏一定要从下往上、东西用完一定要放回原来的位置……这些“死规矩”会让爱人感到厌烦，甚至会因此引起争吵。

一号完美型人过于强调自我，总是认为自己是对的，自己说的话做的事都是有道理的，即使是自己错了，也不愿意承认，并且还会反过来说爱人错了，并为自己洗脱“罪名”。这样的做法让爱人很受伤，婚姻中没有对错，过于强调道理和对错，婚姻将以离婚收场。

一号完美型人总是认为爱人没有做好，或许认为爱人其实是可以做得更好的，于是一号人会经常批评爱人，极少赞美爱人，即使爱人已经做得很不错了，他们也不愿意表扬。长此以往，爱人就会很没有成就感。

在工作中，一号希望自己能保质保量地把工作完成，于是他们常常会冷落了爱人。比如：忘记爱人的生日、忘记结婚纪念日、忘记曾说要去拉萨旅游等，这会让爱人觉得，我还不如你的工作，那你不如与工作结婚得了。

金无足赤，人无完人。尤其是长期生活在一起的两个人，彼此的缺点都会暴露无遗，可一号完美型的人就爱抓住爱人的错误或缺点不放，甚至把这个错误或缺点放大、拓展、延伸。如果爱人犯了错误，一号完美型人会经常提起，这会让爱人感到无奈和痛苦。

如何让一号完美型的人更爱你

一号完美主义者非常强调公平，不希望被管制和约束，因此，在日常生活中，作为爱人的你千万不要试图凌驾于他们头上，管他们太多只会让他们更快逃离。

犯了错误时，一定要勇敢地向一号承认自己的过错，不管错误是大还是小，不管你是男人还是女人。比如，对于一号完美型的老公，女人可以稍稍地撒个娇，但千万不可过了头，毕竟一号男人是很理性的。与一号吵架时，一定要保持理性，无理取闹只会让他们讨厌和烦躁。

当一号性格的爱人批评你的时候，你一定要告诉他：如果你能给予我鼓励，我会变得更好。当你与一号沟通家里的事情或者彼此关系的时候，不妨用温柔的话语来表达自己的想法，千万不要对他发脾气或者耍赖，他不吃那一套。

亲子教育——如何教育一号完美型孩子

人之初，性本善。孩子的天性是善良的，没有好坏之分，但在后天的成长过程中，为什么有些孩子变得优秀了，而有些却差强人意呢？其实，这主要是受后天因素的影响。

我们经常会听到“父母是孩子最好的老师”这句话，可以说在孩子未入学之前，家长对孩子的影响是最大的，也是至关重要的。0 ~ 3 岁的孩子大多是在父母的身边长大，父母的性格、习惯和脾性等会深深影响到孩子，所以我们在说每一个孩子的性格特征的时候，应该先分析一下我们自己。如果我们觉得孩子身上有些缺点是要改正的，那么在要求孩子改正之前，我们就要先看看自己身上是否也具有那些缺点，先认识和改正自己，再来要求孩子改正。

正确认识一号完美型孩子

性格特征：善良，服从，责任感强；会做规划，遵守纪律，拥有好习惯；小心谨慎，注意细节；苛刻，挑剔，爱指责人；自尊心强，不喜欢听否定的意见；任性，固执，有时会心浮气躁。

自身优点：自我要求高，做事有规律，温和善良。

自身局限：追求完美，太重细节，没有大局观，吹毛求疵。

培养目标：追求卓越，学会宽容。

一般情况下，一号性格孩子的父母中肯定会有一个一号性格的。

一号完美型家长自述：一天早上，我把女儿送到学校不久，女儿的班主任就把她送了回来，原来女儿发烧了。老师把女儿送回家后说："今天不要让她上学了，在家好好休息休息。"下午的时候，女儿的烧刚退，我就把女儿送回了学校，因为我怕耽搁女儿的学习。平时的时候，无论做什么事情，我都想着要做对做好，因为我要给孩子树立榜样。我对孩子要求很严格，当然我要求孩子做到的，我首先也要做到。我希望孩子每天都能进步一点，改掉坏毛病！

给家长的建议：多表扬和鼓励孩子，让亲子氛围多一些轻松，少一些严肃和紧张。对孩子多一些允许和接纳，少一些批评和责怪，同时作为家长一定要认识到自己的标准和完美不一定就是社会公认的标准和完美。

激励安抚：一号完美型小孩是九型人格中最自律的孩子，他们总是以非常高的标准要求自己，他们给自己的压力已经够大了，作为父母就不要再给他们施加压力了，只需要在一旁给予温暖的鼓励就好。

亲子教育法：①尊重孩子，不要对孩子提太高的要求，帮助他们克服过分追求完美的心理；②教他们从生活中享受快乐，鼓励他们学习绘画、跳舞、打太极等活动；③教孩子学会体贴自己，并懂得欣赏和赞美身边的人；④让他们学会合理地发脾气和宣泄不良情绪；⑤适当地疏远孩子，消除孩子过分依赖的心理，培养他们的独立性；⑥让孩子明白胜败乃兵家常事的道理，不要畏惧失败，培养积极心态；⑦增强耐挫和抗压能力，培养他们的灵活性及弹性。

允许缺憾存在是大智慧

一号完美型人生命中最大的缺陷在于吹毛求疵、过分追求完美，所以他们常常会发现自己和他人的不足之处，并且强迫别人达到完美。当他们发现自己或他人的不足的时候就会抱怨不断，在给自己造成压力的同时，也会引起他人对自己的不满。

一号完美型人一定要知道，这个世界上“完美”是不存在的，我们都是上帝咬了一口的苹果，从不完美，也从来不必完美。有时候缺憾也是一种美，所以一号应该允许这个世界不完美，允许自己和他人不完美。下面来看一个故事，希望你能从中得到一些启发。

有一个挑水夫，他有两个水桶，每天他都用这两个水桶辛苦地给主人家挑水。由于水桶用的时间太长了，其中一个桶出现了裂缝，挑水夫每天都奔波几里路去挑水，每次挑水回来，没有裂缝的水桶里总是能装满满的一桶水，而那个有裂缝的水桶却从来都没有装满过水，因为水都从裂缝里流到了路上。

渐渐地，没裂缝的那个水桶对自己能够装满整桶水感到很自豪，而有裂缝的水桶却因自己无法装满一桶水而感到非常羞愧。一次，有裂缝的水桶终于忍不住对挑水夫说：“过去两年，因为我身体上的裂缝，您每挑一趟水，我只能帮您送半桶水到主人家里，我的缺陷使您做了全部的工作，却只收到了一半的成果。我很惭愧，必须向您道歉。”对于道歉，挑水夫也欣然接受，不过他却笑着对有裂缝的水桶说：“下次去挑水的时候，你留意一下路旁盛开的花朵。”

这一天，挑水夫又去挑水，有裂缝的水桶想起了挑水夫的话，于是便留心看了路旁的花。路边开满了五颜六色的花，这景象使有裂缝的水桶开心了很多！此时，挑水夫温和地说："你有没有注意到小路的两边，只有你的那一边有花，而好水桶的那一边却没有。我知道你有缺陷，于是我就在你那边的路旁撒了花种，每回我从溪边挑水回来，你漏出来的水都替我浇花了！两年来，这些美丽的花朵都装饰了主人的房间。如果你不帮我浇水，主人的房间也不会有这么好看的花朵了！"

很多人视残缺为遗憾，所以极力追求完美，然而我们没有想到的是，不完美也是一种完美。世上绝对完美的事物是不存在的，我们又为何要苦苦追寻呢？像故事中的破水桶一样，裂缝就裂缝吧，不完美就不完美吧，你自有自己的价值。

其实，不完美才是真实的人生。我们可以追求完美，但不能苛求完美；我们可以要求自己做到完美，但不能因极力追求完美就放弃了生命中的其他追求；我们可以要求别人做到完美，但不应该苛求别人做到完美。每一个人都是不完美的，对他人多一分宽容，也就是对生命多了一层理解。钱少就少吧，只要快乐就好；胖了就胖吧，只要健康就好；爱了就爱吧，只要愿意就好；不爱就不爱，只要放下就好。

在日常生活中，一号完美型人过分执着于完美，因此他们很难尽情享乐。在工作中，即使是能力超群的下属或亲人，一号完美型人也会对他们表现得不放心，总是觉得"还是我做更好"。于是，他们总是会承受着很大的压力。其实，亲力亲为并不一定就能把事情做到完美，一号完美型人应该更多地相信别人，放权于别人，这样既可以让自己轻松，也可以让别人快乐。

知晓自己，看透他人——谁是一号完美型

下面是一号完美型人的一些常见表现，你可以看看身边的人是否具有以下特征：

1. 做事非常努力并力求正确、完美；

2. 喜欢每件事都井井有条，按顺序编排去做，否则就会感到焦躁；

3. 仔细做好计划，确保每天的工作都能完成；

4. 对自己和他人要求很高，不断拿自己和他人比较；

5. 经常自我责备，没有把事情做好，要求别人按自己的标准去做事，否则就会生气；

6. 对批评很敏感，常批评自己和他人，希望可以做得更好；

7. 无论对事还是对人，都希望能做到无可挑剔，因此常给人吹毛求疵

的感觉；

8. 如果发现错误，就要立即改正，绝不拖泥带水；

9. 对于需要在短时间内完成的工作会感觉烦躁；

10. 一旦有人犯错误，就会对其进行严厉的批评和指责；

11. 嘴边常挂着“应该怎样做”这句话；

12. 常常坚持自己的评判标准，并很难改变；

13. 个性严肃，不苟言笑；

14. 做错事后，很难去原谅自己；

15. 认为控制细节是必需的，因为细节决定成败；

16. 对做事马虎、工作草率的人非常厌恶；

17. 时常压抑自己人性中不理性的一面，怨而不宣；

18. 原则性强，非黑即白，没有灰色地带；

19. 经常压抑冲动和渴望，先工作，后享乐；

20. 是一个踏实勤奋、脚踏实地的人。

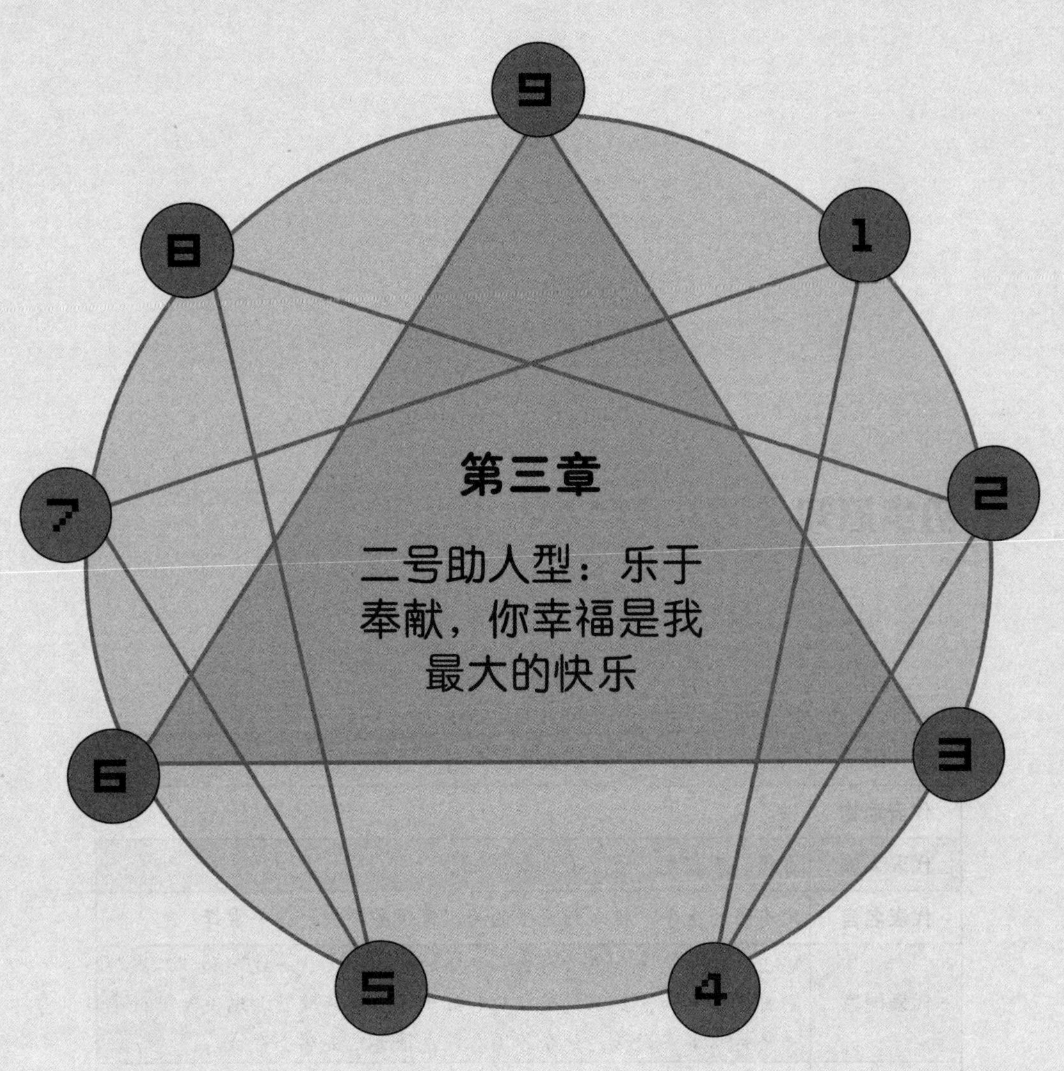

第三章

二号助人型：乐于奉献，你幸福是我最大的快乐

初步感知

角色定位	热心助人者、给予者、博爱型、爱心大使等。
代表动物	猫、狗。
代表人物	雷锋、周润发、古天乐、南丁格尔。
代表名言	用有限的生命，投入到无限的为人民服务中去。——雷锋
代表国家	瑞士。瑞士是一个追求自由和平等的中立国，“一战”和“二战”它都没有参加，且派出医疗队和红十字会进行救助。瑞士注重效率并坚持以事实说话，如今各国人民也很喜欢去瑞士存钱。
主要特征	二号助人型人热情主动、心地善良、富有爱心、喜欢帮助别人。他们渴望得到别人的认同，对于别人提出的要求往往很难拒绝，他们会尽自己最大的努力去完成对方所托付的事情，习惯处处展现美好宽容的德行，害怕因为自己没有爱心而被大家不待见。

性格特征——整体认识二号助人型

讲二号助人型人的时候，我想先给大家讲一个故事，这个故事我经常在课堂上讲给学员听，能很形象地帮助我们认识二号助人型人的性格特征。

周五刚下班，刘晨就急急忙忙从办公室出来了，因为今天她要去参加同学聚会。从公司到聚会的地方有点远，需要先乘公交再乘地铁，可这也不能阻碍她去看老同学的心，尤其是同桌陈晓燕，她们已经三年没有见过面了。

刘晨一路小跑到公交站，此时公交站附近有一堆人围在一起，不知道在干什么，刘晨的好奇心非常重，于是就想过去看个究竟。原来是一个小女孩迷路了正坐在台阶上抽泣，围观的人们正东一句西一句地安抚着小女孩。刘晨什么也没想，就钻进人群坐在小女孩的身边，拉着小女孩的手安慰她，还从自己的背包里拿出糖果和小玩偶给女孩玩，逗得小女孩咯咯咯地笑了起来。

这时人群中有人说已经报警了，警察一会儿就来。说这话的时候，一辆公交车来了，正好是刘晨要坐的那一辆，很多人都上去了，但刘晨担心小女孩，所以没有上车。其间，有一个好心人说："姑娘，你有事的话就先走吧，这么多人在这呢，你不用担心了。"但是刘晨还是没有走，一直等到警察来到后，她才回到公交站牌等车。

到了地铁站，刘晨排队买票，排队的人很多，队伍很长。这时有一个中年男人，看起来很着急的样子，径直跑过来站在了刘晨前面，说因为有紧急的事情，希望刘晨能让他先买。其实刘晨也很着急，但她还是说："好吧，那您先来吧！"

在地铁上，刘晨给一起去参加同学聚会的另一个同学打了一个电话，电话中的同学说："王琦也来参加这次聚会了。"王琦刚借了刘晨的钱，说好这个月还的，可是她前几天打电话给刘晨说，因为家里有事，这个月可能还不了钱了，当时的王琦感觉很抱歉，一个劲儿地给刘晨道歉。一听说王琦也要去，刘晨便与同学说："王琦去了，我就不去了。"同学问刘晨为什么，刘晨说："她上半年借了我几万块钱，我知道她最近手头比较紧，所以就先不去了，怕去了会让她觉得尴尬，不舒服。"

这里的刘晨就是典型的二号助人型的人。二号人常常面带微笑，处处考虑别人的感受，别人有困难会主动站出来帮助。他们时刻想着拿什么奉献给别人，如果别人有困难自己帮不了，他们会比别人还难受。下面我们来简单认识一下二号助人型人的整体性格特征。

二号人善良、大方、慷慨无私，可以帮助任何一个人，是上帝派来照顾人的"使者"。在人群中，他们会时刻注意哪个人需要帮助，并立马给予人家想要的帮助。比如，在会场上，二号人接水的时候，他会给与自己挨着的人也接一杯水，因为他觉得别人应该会渴。

二号人消息灵通，八面玲珑，是典型的"万事通"。他们不爱批判人，也是典型的“好好先生”和“好好小姐”。如果你让他们说说某一个人的缺点，那可真是要了他们的命，因为他们不善于批评人，即使别人有不好的地方也不愿意指出。

助人型人有时候会像个“垃圾桶”，周围朋友经常会向他们说一些快乐或不快乐的事，他们也非常愿意当个“垃圾桶”。如果他们看到朋友不开心，也会主动说：“来吧，跟我说说，说说你就会开心点了。”二号人喜欢别人依赖自己，也喜欢依赖“成功的男人”或“优秀的女人”。他们把帮助别人作为自己毕生追求的快乐和幸福。可是，二号人真的能从“助人”中得到快乐和幸福吗？或许能，但也许不能。因为当他们太关注别人的需要的时候，可能会失去自我，失去自己的快乐。

二号助人型人似乎什么都不需要，只关注周围人需要什么，为了迎合他人，他们常常改变自己，自我价值感低。比如，同事让他们帮忙带份午饭，但同事想吃的那家店距离比较远，二号人自己可能就在附近随便吃点，但为了帮助同事还是会选择答应，因为他们怕不帮助同事，同事会不舒服。

他们时常感觉自己付出得不够，总是无意识地通过人际关系来满足自己的需要，他们把自己所爱和帮助的人的成功、快乐及幸福都看成是自己的成就。比如，二号助人型的人有一个徒弟，那么他们就会倾注全部心血教自己的徒弟，当徒弟取得了一定的成绩后，他们会非常高兴，开心的程度甚至会超过徒弟。

童年生活——二号助人型性格形成

内心情感

基本恐惧	害怕没有爱，不被爱，不被人需要。
基本欲望	希望感受到爱的存在。
基本忧虑	怕缺少爱。
潜在恐惧	害怕无爱，被别人利用。
潜在渴望	如果有人爱我或者有人需要我爱护，那么我就会感到很满足。
潜在情绪	极度需要关注；骄傲、任性、有诱惑性；不求别人帮助自己；感情易受牵制。
世界观	去帮助别人，没有我，别人办不到。
行为动机	善解人意、有同情心；渴望被爱、受人感激和认同。
注意力焦点	注意力都放在周围人的需求上，甚至是潜在需求上。
强迫性行为	害怕遭排斥，企图与周围人打成一片；压抑自己的需要。

续表

个人陋习	慷慨、友好、乐于助人的表现后面可能包含着其他的目的；喜欢取悦他人，如果对方不感兴趣，就会迅速逃离。
性格倾向	外向主动，感情丰富，乐于付出，努力满足他人需要，比较重视人际关系，是一个慷慨大方的人，但占有欲强；行动积极，极力想获得他人的赞成和接受；常常抑制或疏忽自身的感受，自我价值感低；善于倾听，有时缺乏主见。

二号助人型性格形成的可能性原因——童年模式

有专家研究认为，二号性格的人记忆中只有鼓励和奖赏，他们通常很小的时候就开始做家务，照顾兄弟姐妹甚至父母。他们小时候也受到过来自父母和朋友的关爱，但他们总觉得是因为自己为别人付出了，别人才来关心和爱自己的。他们对别人的需求特别敏感，这主要是因为在与父母的相处中，过早地体会到了父母的不容易所致。

我有五个兄弟姐妹，我在家中排行老四，我的父亲是一个非常大方的人，我的母亲却是一个十分节俭的人。但很小的时候我就知道如何获取零花钱——我会通过讨好父亲的方式来获取比我那些兄弟姐妹更多的零花钱。

我的父亲很爱抽烟，一次他让我帮他买烟，买完烟后剩下了一块钱，他给了我。又一次，他又让我买烟，剩下五角钱他又给了我。后来我想如果每次我都给父亲买烟，那么每次应该都会多多少少获得点“跑腿费”。

于是，我就问父亲：“您每天要抽几支烟？”父亲说：“大概 3 支吧。”父亲跟我说了之后，我就开始盘算：一盒烟有 20 支，每天 3 支，一盒烟应该能抽 6 天至 7 天。了解以后，我就在父亲的烟快抽完的时候主动找父亲，为他买烟。父亲当然很高兴了，因为我确实很贴心，每当这个时候，他还会多给我点钱。

每次周末家中打扫卫生的时候，我总是表现得很积极，即使我非常不想干，仍会干得最多最好。每当这时，我那不善言语的母亲也会时不时地夸我两句，那时我的心里会非常高兴，那种压抑自我的感觉会稍微减弱点。我学习成绩还不错，所以我很喜欢开家长会，每次开家长会，我的父亲就会去学校，那个时候我骄傲得像只开屏的孔雀，因为老师总是在班级中表扬我，说我学习好且乐于助人，很勤奋。与此同时，老师也会表扬父亲，说父亲教子有方，此时父亲和我总是相视一笑，父亲以我为荣，而我也特别希望能给父亲更多的惊喜。

二号人在孩提时代就很讨人喜欢，因为他们知道怎样可以让父母或朋友高兴，他们能迅速找到自己身上吸引别人的地方，并同时发现别人需要的地方。当他们将自己和他人的需求结合在一起的时候，他们就会从外界获得更多的爱。在童年的时候，二号助人型人就知道，如果他们想要获得自己想要的东西，就必须先压制自己，为别人做事，付出行动然后才能获得。如果想获得父母更多的爱，想获得更多的零花钱，就必须付出劳动，取悦父母。

我的父母都是老实巴交的农民，从小父母都没有给我买过太多的衣服和玩具。有段时间，我甚至觉得他们一点能力也没有，根本不能像别的孩子的父母一样给孩子买各种东西。但忽然有一天，我发现自己以前的想法是错误的，我不应该这样想，作为他们唯一的儿子，我应该承担起做儿子的责任。当我明白了以后，我开始尝试着更深刻地理解他们，我觉得他们这一生过得太不容易了，他们不争不抢，忠厚老实，是最需要我照顾的人。于是，12 岁的我，开始帮助父亲下地干农活，帮助母亲洗衣做饭，我想以自己的能力去帮助他们，减轻他们的负担，我希望成为他们的依靠和他们的骄傲，于是拼命学习，希望将来可以让他们过上更好的生活。

在童年的家庭环境中，二号性格的人可能很早就承担起照顾家庭的责任，他们从小就特别善良，一般都是爸爸的“小情人”、保护妈妈的“大儿子”，正因为他们从小就有这种“照顾人的倾向”，所以长此以往，他们就很难从照顾者这个角色中走出来。而且他们从小就知道，如果自己真诚地为别人服务，当别人给予自己赞赏的时候，自己才算实现了真正的价值。也正因为从小受到家庭环境的影响，二号人长大后，才会将服务别人当成自己的责任和义务。

心理咨询——二号助人型人的闪光点和不足

闪光点：无私奉献、助人为乐；有同情心、细心；乐观开朗、重感情。

我的生命中遇到过很多人，可以说各行各业的都有，我的日常工作是做讲座，因此与很多人都成了朋友，这其中有做餐饮的、做教育培训的、做影视传媒的等等。自从我学习研究了九型人格之后，我的这些朋友都主动找我，想让我也帮他们分析分析性格。其中有一个企业的老总，百忙之中抽空听了两天九型人格的课程，课后他给我打电话说了一些他的情况，下面我以第三人称的写法将这个老总跟我说的话总结复述一下。

平时工作中，他总会每个月抽出两天的时间与公司里的领导轮番谈话，谈话的内容都是与员工的切身利益相关的事情，他会逐个问各部门的领导：

“最近你们部门的员工在工作上和家庭中有什么困难吗？需要公司帮忙吗？”且从商以来，他就给自己订立了一个原则：只要是他的客户过生日，那么一定会想办法给客户送上生日蛋糕，不管这其中会有多大的波折，他都要把真诚的祝福送给客户。有一次，他的一个客户正在国外考察，当时坐的是旅行团的大巴，为了表达自己的祝福，他就安排助理在半路上给这位客户一个大大的惊喜。在得知是他的周到安排后，这位客户当时就热泪盈眶，并打电话给他表达自己的感激之情，后来这位客户又为他介绍了很多生意。

二号助人型人最大的优点就是富有爱心。他们是有大爱的人，是人间的“活菩萨”，泪点很低，非常同情弱势群体，有时候，他们很可能因为睡在天桥下面的流浪汉伤心落泪。他们很细心，感受力很强，经常站在他人的立场上看问题，能通过观察很微小的行为来发现他人的需求，然后持续不断地帮助他人。当被帮助的人成功时，他们会站在成功者的背后，默默地感受自己的付出所产生的价值和成果。

二号性格者还十分重感情，无论是爱情还是友情，他们经常扮演给予者的角色，目的就是为了满足对方，让对方开心快乐，保持长久的和谐关系，因此他们经常能赢得人心，适应各种环境。他们也很容易被“情”和“爱”打动，比如有人对他们好一点，他们就会铭记一辈子，感恩一辈子。同时二号人也很擅长用自己的热情和魅力来打动别人，他们喜欢与人发生肢体上的接触，而这有时候会给人一种热情友好的感觉，让人觉得这个人好相处。

二号性格者非常乐观，愿意敞开心扉，真诚地向朋友或亲人表达自己的内心。他们那种真诚、无私、有爱的表情和行为会深深影响身边的每一个人，比如当一个房间内的很多人因为某一件事不开心的时候，此时的二号很可能会出去买水果或雪糕给大家吃，或者说大家听听歌吧，以此缓解紧张气氛。

不足：以他人为中心，忽略自己；把自己的价值建立在帮助别人之上；当自己的付出得不到回报时，会沮丧。

李先生是个典型的二号助人型人，因为工作原因，他经常需要到外地出差，但他比较不放心让妻子一个人待在家里。

有一次，天气预报说要下暴雨，李先生就给妻子打电话，嘱咐她天气不好尽量不要出门，要是出门了一定不要去太远，更不要站在大树底下。他还交代妻子要记得关窗，妻子说："好，我知道了，你放心吧。"可只一会儿，李先生又打电话过来问妻子到底出门了没有，关窗了没有……这时的妻子正在客厅里悠闲地看电视，随口说道："窗户关好了，我也没出门，你就放心吧！"妻子这样的回答似乎并不能让李先生感到放松，他还是感到一丝担心，因为新闻里有太多人被闪电击伤的事了，所以就在妻子准备睡觉的时候，李先生再次来了电话。"我都要睡了，你就别再烦我了。"妻子不耐烦地挂断电话，电话那头的李先生一时不知所措。

二号助人型人常常"以爱之名义"来管理和控制他人，尤其是对自己的亲人，他们通常会被误认为是"我对大家好，但不期待任何回报"的人。当然，他们自己也不肯承认，但是一旦他们的付出得不到别人善意的回报，他们就会气愤地说："我对你那么好，你竟然……"二号人请客吃饭的时候，也总是按照自己的想法来，比如他们常常说："我请你吃这饭店最好吃的菜吧，你肯定会觉得很好吃。"很多时候，是他们觉得好吃，而不是客人。

二号助人型人特别会讨好人。比如，一个老板在开会，大家因说到一个话题而大笑。这时老板的助理（二号性格的人）进来了，她看到大家都在大笑，刚开始不知所措，然而马上也跟着大家笑起来。后来老板问她："你知道大家都笑什么吗？"回答说："不知道，但我看见你们都在笑，如果我不笑，好像我是不合群的，所以我就跟着笑了。"二号助人型人总是以他人为中心，常常忽略自我，很多时候他们为了满足别人而忘记自己的需求，甚至为了讨好别人而扮演别人喜欢的角色，长此以往便失去了本身的价值，成为一个不诚实、不干实事、圆滑世故的“马屁精”。

二号助人型人充满爱心，深信助人为快乐之本，可惜很多时候，他们太专注于满足他人的需求，而忘记自己以及身边人的真实需求。由于过分关注人际关系，过分强调牺牲自我的“对人不对事”的做法会使得他们的生活和工作一团糟。因此二号性格的人不可无休止地期待别人的称赞或感谢，要明白自己的需要必须由自己去争取，真正地帮助人不应该一味地要回报，很多时候帮助他人我们也能获得精神上的快乐。当二号助人型人真正明白了这个道理后，他们必定能收获更积极的人生。

沟通技巧——如何与二号助人型人和谐相处

知人先知面

身体语言	愿意与人有身体上的接触，谈话中身体下意识前倾；经常认同他人的说法。
谈话方式	速度较快，声线较沉，自嘲，有幽默感。
常用词汇	你坐着，让我来；不要紧；没问题；好，可以；你觉得呢。
面部表情	柔和，多笑容。
外貌	温和，讨好，可爱，有亲和力。
着装特征	喜欢舒适的大众化服饰，不喜欢太过鲜亮的衣服。

在现实生活中，很多人都会觉得二号人是很好相处的，毕竟他们处处都为他人着想，是乐于奉献的人。但我们也应知道，每个人都需要爱和呵护，

每个人的内心当中都住着一个“孩子”，二号同样如此。因此，在与二号交往的过程中，我们不能一味地满足于他们的付出，也应该学会为他们付出，这样的付出包括情感上的认同、生活上的帮助、心理上的疏导等。

记得我的第一份工作是卖保险，那时的我还是一个初出社会的小丫头，什么都不懂。于是，我处处想着帮助别人、讨好别人，期望能获得老销售员的一些帮助，可销售行业毕竟是残酷的，每个人都是靠业绩吃饭，很少有人愿意帮我。刚进公司的那段时间，我很迷茫也很不解：为什么人们都是这样的，我帮他们买午饭、买咖啡、打扫卫生……可是，一等到我请教问题的时候，他们都闭口不言了。我那时非常生气，几度想要离开。

可是很幸运，后来我遇到了一个很好的销售主管，她是一个老销售员。她非常喜欢我而且很有耐心，教了我很多销售技巧，到现在我都记得她那天拉着我的手说的那句鼓励的话：“你很有灵性，虽然没有销售经验，但是你肯学，这是我最看重的一点。所以我才想教你东西。”而我能在这个公司一干这么多年，也主要是因为有她在。记得有一次，她给我介绍了一个客户，我谈了很久都没有谈下来，最终还是她出面帮我谈成了，当提成发下来，我拿着钱买了礼物去她家的时候，她不但没有要，反而说了很多鼓励我的话。

那天，她还亲自下厨做了一桌子菜，虽然都是家常菜，但我感觉比五星级的饭菜都美味可口。饭后，她又亲自削苹果给我吃，我当时真的很感动，来到北京后，这种满足和幸福之前从未有过。就在那一刻，我也下定决心一定要跟着她好好干，即使不给我开工资，即使有更高的工资给我，我也坚决不会离开这个公司，因为她对我的那份情谊值得我用一生回报。

在日常的沟通中，作为朋友应该给予二号助人型性格的人更多的理解与支持，即使他们暂时做得不尽如人意，也不要责怪和批评他们，因为你的信任、理解和支持将会换来他们的一片真心。

二号助人型人也是需要被关注的人，与他们交往一定要重视他们，尤

其是他们给你提供帮助的时候，更要重视他们，千万不要把他们的帮助当作理所当然，甚至一味地索取。如果我们不需要帮助，也应该委婉地告诉二号，切不可大声批评冷冷地拒绝。他们心思细腻，情感丰富，喜欢帮助人获得人们的认同，因此与他们相处的时候，一定要多表示自己的感激之情，被帮助者可以发一条感谢的信息或者送一个自己做的小礼物给他们，他们就会很满足。

与二号助人型人相处的时候，要欣然接受他们的帮助，同时也应该告诉他们："亲，其实你也需要帮助。"当二号遇到困难的时候，平时受到二号帮助的人一定要伸出援手，那样二号会感到很温暖。二号性格的人非常重感情，有时候会表现出憨厚朴实的样子，因此与他们交往的时候，一定要用真心，不要欺骗、利用和嘲笑他们，否则会让他们伤心地离你而去，尤其是不能嘲笑他们那乐于奉献的精神和无私的爱。

与二号交往的过程中，可以经常与他们有一些肢体上的触碰，比如，拉手、依靠和拥抱。也可与二号说一些私密的话，或者带他们去自己的家里或某一个自己觉得很秘密的地方，这样二号会有种被重视的感觉。

温馨提示：

二号喜欢的：把他们当作生命中重要的人；希望有更加亲密的互动；赞美他们的善良和爱心；能够真正理解他们的人……

二号厌恶的：不接受他们的帮助；把他们的奉献当作理所当然，不表示感激；不理解他们的精神和心理的人；过分地同情他们……

职业发展——二号助人型人职场认知

职业规划

适合的工作	化妆师、演员、秘书、助理、社会服务人员等。
不适合的工作	监督、检查、激励的商业谈判等。
适合的环境	与人接触的环境，例如餐饮业、销售业、健康中心、服务行业等。
不适合的环境	不与人接触的环境，例如会计师、森林看守员、科学研究等。
工作状态	二号人对他人的需求比较清楚，懂得左右逢源，讨别人开心。在领导的鼓励和支持下，二号人做事情比较有激情，有时候为了得到认可会不惜牺牲个人的利益。他们对待工作兢兢业业，不会有怨言，而且会体谅别人，往往会成为上司的得力助手。

现在的明星们，总是时不时地就会被人黑，但是唯独这位，被人们认为只有太阳才能黑他，他就是古天乐。

几乎很少有人知道他是一位慈善达人，他做公益很低调，热衷于建立希望小学，十几年来默默地为许多贫困山区的孩子创造着良好的学习环境，真的让人很敬佩。

当初，古天乐到内地发展，鲜有万人空巷的作品，甚至被人称为烂片专业户，有些人甚至认为他为了捞金毫无底线，可是却不知道他的钱都干了什么。直到 2014 年著名导演尔冬升在微博上爆料了古天乐资助的学校名单，才让他的慈善事迹浮出水面，那时古天乐捐助的学校已经有一百多所。

古天乐到底捐助了多少学校，迄今为止没有一个确切的数目，因为他的善举依然在继续。他不仅捐学校，还在做其他的善事，如建卫生室、爱心水窖，甚至还有小水利工程。不仅如此，他还会派专人去实地考察，甚至亲自监督设施的建设，以防止出现豆腐渣工程，他严格谨慎地对待每一次的捐款行动。

当他的慈善事迹被曝光，记者采访他时，他也只是淡淡地回应了一句："我对此事不愿多谈，只希望在自己有能力时多帮助别人"。由此不难看出，古天乐是位典型的二号性格的人。

职场中，各种性格的人都有，每一个公司也肯定都有二号助人型人，他们常常笑脸盈盈，关照别人的心情，主动给予别人帮助。在职场中，二号性格的人获得影响力的方式就是不断地为他人提供帮助，尤其是对那些自己看好的潜力股，他们更是不吝付出。

二号助人型领导的职场作风

二号性格的领导对待员工很有人情味，会用爱管理公司和员工；他们喜欢像自己一样乐于服务大众、善良有爱心的员工，并且希望这些员工能把自己的工作当作一种"家庭责任"；他们比较看重诚实守信的员工，不喜欢撒谎的员工；他们非常敏感，直觉很强，能够洞察到一个人内心的真实意图。

二号领导没有架子，总是笑脸盈盈，有较强的亲和力，经常与员工打成一片，非常看重自己在员工心目中的形象，但时间一长他们就会失去“领导风范”，变得没有威信，以致员工不听他们的指示，而他们也很难开展管理工作；二号领导也比较善于倾听来自员工的意见和建议，他们努力工作不仅是为了获得财富，还希望获得良好的个人声誉；为了表示自己尊重员工们的意见，二号领导者总是很难做出决策。

二号领导喜欢权力，同时也喜欢更高领导者的重视和喜爱；他们的嘴有时候像抹了蜜一样甜，比较善于拉拢人心，如果觉得有人支持他，就会不顾一切地把支持他的人组织到一起；他们非常重情义、讲感情，正因如此，也可能会做出偏袒员工的事情；当二号领导做报告或者分配工作的时候，他们希望员工用专注以及微笑的赞许来回应，这样他们会感到欣慰，认为自己的观点已经被大家认同了。

二号领导对待工作上的任何难题，都能够积极应对，他们具有坚韧不拔的精神，愿意付出，很容易让别人喜欢并追随他们，这两种性格可以为他们的职业生涯减少阻力，更容易让他们获得成功。

二号助人型员工的职场作风

二号性格的员工表面上很温顺，对一切人和事都很好，其实他们也希望成为权力者。为了获得权力，他们会找到环境中的有能力者并紧紧追随，通过帮助他们而获得自己能力和地位的提升。

二号员工喜欢当领导，但他们更愿意当一个“幕后策划者”，维护和支持有能力的人，更愿意当放风筝的人而不是风筝，这样他们才会觉得安全，不至于受到攻击。

二号员工是出色的“交际专家”，他们很注重人际关系，因此电话也是最多的。他们常常希望自己融入圈子之中，心甘情愿地帮助他人，经常会说“你坐着，让我来”“这点小忙算什么，应该的”。

销售技巧——如何“捕获”二号助人型客户

杨红是某图书公司的发行人员，一次她代表公司与机场书店负责人谈合作的事宜。其实，在这次谈判之前，她已经与书店老板程总谈了很多次，程总也确定要与她的公司合作，而这次谈判不过是想把细节问题再落实一下。由于程总临时有事要出差，于是就安排了书店的负责人刘艳与杨红谈图书订购的事情。

杨红和刘艳约在一个咖啡厅见面，当时杨红一看到长相普通穿着简单的刘艳，心里就想：这女孩才多大啊，最多20出头吧，应该是个刚出校门的学生。在两人的谈话中，刘艳也确实表现得谦虚、客气，无论杨红说什么她都保持着微笑。因为有了先入为主的观念，再加上刘艳那甜美的微笑，自觉资历老的杨红就开始摆架子了，话语中也有了轻蔑的态度。

如果是往常，见到客户的杨红肯定会认认真真、客客气气地做一番自我介绍，但是这次她没有，因为她根本没有把面前的这个小丫头放在眼里。谈话中，当刘艳问她一些关于图书的问题的时候，她也表现出不耐烦的样子，杨红觉得这些细节问题已经跟程总谈过了，而且程总也已经给予了肯定的答复，根本没有必要再与这个初出茅庐的女孩再谈了。当刘艳想要表达自己的见解的时候，杨红更是心不在焉，一会儿看手机，一会儿看手表，根本没有认真听刘艳说话，还总是要表现出什么都懂、一切都在自己的掌握中的样子。整个交流过程中，即使刘艳已经感觉到了杨红对自己的不友好，但她还是表现得很镇定。谈话结束的时候，当刘艳主动要求握手告别的时候，杨红也只是象征性地拉了拉刘艳的手。几天后，公司的总经理找到杨红，告诉她这次合作没有谈成。得知这个消息后，杨红很是纳闷，不知道合作为什么就终止了……

从这个故事中，我们可以知道刘艳很可能就是二号性格的人。二号人一般都是热情、礼貌、善良的，他们非常愿意帮助别人。那么，为什么这一次，二号性格的刘艳没有“帮助”销售员杨红达成合作事宜呢？原因是杨红没有给予刘艳应有的尊重。

那么，在具体的销售过程中，销售员应怎样与二号助人型客户沟通呢？

在与二号客户沟通的时候，无论二号客户的地位和身份是高还是低，我们都应该给予他们足够的尊重，切不可无视他们的存在或故意轻视。二号通常都是以大局为重注重整体效益的人，所以他们对于人和事的做法一般都是善意的，但他们是不容许别人不尊重自己的善意的。

与二号助人型客户沟通的时候，如果他们不断地询问或者说话，那表明他们很看好这个产品，此时作为销售员就应该及时给予周到的反馈，这里说的“反馈”是应该让二号客户感觉到自己被重视。通常情况下，一个肯定的眼神、一个甜蜜的微笑或者一个简单的握手，都可以提升你在他们心中的影响力和分量。二号助人型客户在公司里一般都是值得信任的人，如果他们被领导派出来谈业务，肯定是老板信任的人。因此在与他们交流的时候，对于他们提出的一些问题，一定要认真对待并说出一些具体的解决方法，如果当时不能说出，也一定要给出具体的时间和地点，并说出大致的解决步骤。

与二号性格的客户沟通的时候，无论是行为上还是语言上，销售员一定要表现得热情、开朗、大方和随和，毕竟二号性格者自身就是这样的人，切不可在他们面前表现得拘谨、冷漠，甚至是刻薄，否则只会让注重人际关系的二号客户很反感。在向二号性格的客户展示产品的时候，一定要多说产品的优点，尤其是产品中能给亲人、朋友、团队或者整个社会带来好处的优点，因为二号人一般都具有“讨好”的倾向，如果这件产品能给他人带来好处，满足他人的需求，那么二号客户肯定愿意购买。

婚恋关系——二号助人型人的情感密码

目标型号

二号的“夫唱妇随”型	二号助人型、七号活跃型、九号和平型
二号的“优势互补”型	四号自我型、六号疑惑型、八号领袖型
二号的“动力成长”型	一号完美型、三号成就型、五号理智型

这是一个需要爱的世界，如果没有爱，我们无法想象世界将会变成怎样。

在了解了二号助人型性格的人之后，很多人都想着要找一个二号性格的伴侣，因为二号性格的伴侣有爱、善良、大方、无私奉献，是最佳的“梦中情人”或“白马王子”。可是，二号真的就是“完美”的吗？其实不然。很多时候，二号性格的人是充满爱的，但有时候他们对爱人或者对他人那种无私的爱，也会让身边的人很受伤，也会让他们的爱情或者婚姻亮起“红灯”。下面，我们来看看两个实例。

刘阿姨是一个热心、慷慨、不拘小节的人，她的身边总是有很多的朋友，在刘阿姨的意识里，做大事者应该先“做人”，所以她平时最大的爱好就是广交朋友。刘阿姨做生意经济较宽裕，所以朋友们一有难处就会向她借钱，而她也总是有求必应，能帮就帮不能帮借钱也要帮。这些年来，她周围的朋友几乎都向她借过钱，借得多的还了，借得少的刘阿姨就说不用还了，几十年下来，刘阿姨一直是这样的做法。但她的爱人无法理解她的这种行为，所以很长一段时间，因为她的这种“奉献精神”，俩人经常吵架，就在去年，一起生活了二十多年的两位老人无法再忍受彼此，选择了离婚。

王阳是一个公认的对女友非常好的男人，女友无论要什么东西他都会尽量满足，有时候女友没想到的他也会想到，尤其是一年里的每个节日，他总会买礼物送给女友，有时候女友觉得没有必要的节日就不要送了，但他还是坚持送。王阳说：“他什么都不需要，只要看到女友高兴就行了。”但这种无微不至的关心，却让女友很多次都想分手，因为女友觉得太多的关心仿佛成了负担，压得她喘不过气来。每次提分手，王阳就会很痛苦伤心，苦苦哀求，每当这时，女友又不忍心伤害这个深爱自己的男人，于是两人的关系一拖再拖，彼此的感情越来越淡，最终女友还是因为“被爱太多”而选择分手。

可以说，二号性格的人是行走的“活菩萨”，他们不管自己的境况如何，都会尽自己所能帮助别人，很多时候正是因为这种过于追求奉献的做法，使得婚姻出现了问题。在恋爱中，二号性格的人还是会对周围的人都很好，无论是男人还是女人都“一视同仁”，因此很多时候，二号助人型人那“无私的爱”总是会使自己的伴侣或者爱人感到伤心和痛苦，因为他们无法确定二号到底是否真的爱自己，毕竟他们好像对每一个人都很有“爱”。所以，作为恋爱中或者婚姻中的二号人，一定要给你的另一半特别的、与众不同的爱，让他们感觉到自己是唯一的、是被重视的。

两性关系中的二号助人型

二号助人型人非常注重别人的感受，对待感情他们常常是爱别人多过爱自己，他们深爱一个人，会全身心地对这个人好。婚姻生活中，二号助人型人会以爱人为中心，他们的钱通常会毫不保留地交给爱人保管，如果爱人遇到困难，他们会义无反顾地提供帮助。二号助人型人希望能够与伴侣长相厮守，追求长久的结合，因此他们会爱屋及乌，关照和重视对方的家人及朋友，与他们保持很好的关系，在爱人或者爱人的亲人和朋友有困难的时候，他们也会提供帮助。

日常生活中，二号助人型人总是能真实地表达自己的感情，他们热情有活力，像团火能让爱人感觉到无边无际的爱的存在。在恋爱关系中，二号助人型人可能是开朗乐观、慷慨的大暖男抑或温柔的长发美女；在婚姻关系中，他们也可以成为顾家的好男人或者贤妻良母。

二号很“善良”，可有时却让爱人……

由于二号性格者天生就喜欢帮助人，喜欢赢得大家的好感，所以很多时候，他们会不分男女老幼地提供帮助。当他们对异性朋友也提供“无微不至的关怀”的时候，这样的做法会让他们的爱人或伴侣感到不知所措，不知道他们到底是爱自己还是爱别人。二号性格者对不喜欢的人也能笑脸相迎，有不满的地方也不会直接说出来，这样的态度和做法难免会让爱人觉得他们虚伪、做作、不真实，从而无法接受这样一个人与自己共度一生，尤其是对单纯、特别看重感情的伴侣来说，更是无法接受这样的二号性格者。

在恋爱和婚姻中，无论男女，二号性格者都会表现得非常黏人，他们常常以爱人为中心，不惜改变自己来适应对方，自我价值感很低。与他们生活在一起爱人会感觉没有挑战性、很无趣，尤其是有一些男人或女人，他们总是喜欢有挑战的事物，越是得不到的越想得到，近在身边的反而不知珍惜。二号性格者还总是扮演付出者的角色，但其实他们是想通过自己的善良达到掌控一切的目的，尤其是对爱人。他们总是表现出“我做的一切都是为了你好”的样子，企图让爱人听自己的话，而此时爱人就会感觉到被控制和束缚住了，这种“被爱窒息”的感觉会让爱人想要逃离。

如何让二号助人型人更爱你

想让二号性格者更爱你，首先你得做一个善良、有爱心、乐于奉献，甚至比二号更加有爱心的人。与此同时，你也必须表现得很爱很爱二号，此时二号才会被你打动。另外，你还得理解他，他们把帮助别人当成习惯，但不习惯得到别人的帮助，作为爱人如果能从他们的角度为他们考虑，帮助他们，并提醒他们关照自己的需求多为自己考虑，二号性格者会因为有这样一个理解自己的爱人而感到高兴，并深深爱上你。

在与二号性格者相处时，爱人要懂得他们在情感上的需求，特别是他们对被爱与关注的需求，爱人最好能在他们没有开口之前就能够给予他们，并满足他们对爱的需求，这样二号性格者会感觉与你在一起，生活充满了甜蜜和幸福。此外，也要经常进行语言上的安慰，比如“你的牺牲和关爱让我很感动”“能够与你在一起是我一生最幸福的事情”“我爱的就是你的全部”“我愿意为你做一些事情，因为总是你在无微不至地照顾我，你太辛苦了”……这样的话会让二号收获内心被爱的感觉，会让他们非常感动。

二号性格者非常感性，有同情心、注重人情味，考虑问题总是很人性化，他们对于太以自我为中心或考虑问题过于理性的人是不喜欢的，如果想获得他们的爱，就必须做一个侠骨柔肠的男人抑或一个温柔多情的女人。

二号性格者喜欢与人接触，非常注重人际关系，因此作为他们的爱人最好也是乐观开朗、热情奔放的人，与这样性格的爱人生活在一起，他们会觉得很有面子、很舒服，当然他们也会更加宠爱这样的爱人。

亲子教育——如何教育二号助人型孩子

正确认识二号助人型孩子

性格特征：善良有爱心，乐意分享；关心他人，忽视自已，惹人疼爱；对责备和批评非常敏感；努力迁就，取悦他人，以换取赞赏；内向型二号人胆怯、害羞，得不到爱就会撒娇或生气；外向型二号人喜欢表现，用滑稽的动作或恶作剧来吸引他人注意。

自身优点：善良，有爱心，乐于助人，无私奉献，非常善于处理人际关系，是家长和老师的小帮手。

自身局限：过分地关注他人的感受，追随别人，没有主见和立场。

培养目标：鼓励善良，强化原则。

一般情况下，二号性格孩子的父母中肯定会有一个二号性格的。

二号助人型家长自述：每天早上，我的第一件事就是帮儿子找好今天他要穿的衣服，第二件事是给他做早餐，第三件事是叫他起床吃饭，我尽最大的能力关心和照顾他，只要他能好好学习就行。有时候我还真不希望他那么快长大，我现在很享受这种被他需要的感觉，每当我想到未来的某一天，儿子要离我而去的时候，我就特别难过，希望那一天慢点到来。

给家长的建议：二号性格的家长要适时地表达自己的需要，尝试着放手，让孩子独立去做自己的事情。同时，家长也要时刻留意自己对孩子的照顾和关爱是否过度，是否影响了孩子发展独立的意识和能力，要经常与孩子沟通，了解孩子是否真心接受来自父母的帮助。

激励安抚：二号孩子向来非常贴心，渴望被爱，平时的时候父母可以多多表达自己的爱，比如，父母或亲人可以通过电话、短信的方式表达爱或者鼓励他们，考试时说“大家都在帮你加油喔！”这样二号孩子一定会觉得如有神助，信心满满！

亲子教育法：①肯定和赞美孩子的热心，但要告诉孩子照顾别人的同时也要学会关心自己；②告诉孩子如果确实不能独立完成的事情，要学会求助别人；③要教会孩子学会拒绝，不可为了讨好别人过分委屈自己；④二号孩子很敏感，父母应该艺术性地批评他们，保护他们的自尊心；⑤父母的关心和爱要适度，不要让过度的爱影响孩子发展独立的意识和能力。

学会思考别人是否真的需要帮助

小美是个热心肠的姑娘，闺蜜小兰的老公就是她介绍的。可是小兰结婚不到一年，婚姻就出现了问题，小兰和老公经常因为一点小事就吵架，每当吵架小兰就找小美诉苦，经常哭得梨花带雨很伤心。看到伤心难过的小兰，小美也很难过愧疚，同时也觉得是小兰太软弱了，才会遭老公的欺负，作为好闺蜜小美认为自己有责任帮助小兰。于是，小美就找到小兰的老公想与其好好谈谈，希望俩人以后能不吵架、好好生活。

刚开始的时候，小美只是希望让小兰的老公给小兰认个错道个歉，那她也好劝说小兰回去过日子，一切问题也就解决了，可小兰的老公不是个善茬，一气之下小美就拉起小兰回到了自己家。回到家，小兰正在气头上，于是说一定要跟老公离婚，小美也觉得小兰跟这样的人在一起生活肯定得不到幸福，于是她就给小兰的老公发了短信，说小兰要跟他离婚，让他明天去民政局。由于小美的"帮忙"，小兰与老公真的离婚了，离婚后小兰很伤心，她根本没想到事情会闹到这一步，而这时她觉得如果不是小美当时在旁添油加醋，自己根本不会与老公离婚，清醒后的小兰满心都是悔恨和愤怒，于是渐渐疏远了小美。小兰的老公也觉得是小美拆散了他们夫妻，从此也不与小美有任何往来了。小美自己呢，觉得非常委屈，帮来帮去落了个"猪八戒照镜子——里外不是人"。

讲义气、爱打抱不平是二号性格者的一大特点，但小美的"义气"却害了一个家庭，伤了两个朋友，所以二号性格者在帮助别人的时候，一定要想一想别人是否真的需要帮助，而自己的"帮助"是否能真的帮到别人。此外，在帮助别人的时候一定要适当保持距离，明白"别人是别人，我是我"的真正含义，尤其是当需要做决定的时候，不能以帮助人的名义越俎代庖，替别人说一些不该说的话、做一些不该做的决定。二号性格者常常会陷入一个误区，总是把自己当作是一个"我对大家好，不期待任何回报"的人。他们不肯承认自己对人亲切是想赢得他人好感，结果一旦得不到别人善意的回报就会气愤地说："我对你这么好，你竟然……"

因此，当二号性格者想要付出时，一定要明白对方的真正需要，要问清楚不要强逼别人接受自己所谓的"好意"。另外，二号性格者要想真正摆脱自己的性格局限，不但要正确感知他人的需要，更要学会倾听自己内心的声音，需要随身携带"解药"——即重视自己的感受，跟随自己的意愿，将关注点从外在世界移回到内在世界中，不要太关注别人，要学会集中精力发展自己的创意！

知晓自己，看透他人——谁是二号助人型

下面是二号助人型人的一些常见表现，你可以看看身边的人是否具有以下特征：

1. 重视人际关系，希望从与别人的关系中得到满足；
2. 不会直接表达自己的不满情绪，但是心中会不断地抱怨这个人；
3. 经常留意或学习一些能够帮助他人的知识和技能；
4. 希望被他人接受，并获得他人的认同和重视；
5. 为了保持良好的人际关系，不惜牺牲自我；
6. 对他人的需要很敏锐，不需要对方讲出口就能主动提供帮助；
7. 善于倾听，拥有很多的朋友；
8. 善解人意，会热情地去满足他人的需要；

9. 对人热情、友善、有爱心和耐心；

10. 为了帮助他人，常常忽略自己的需要，自我存在感很低；

11. 深爱一个人的时候，会想尽办法为他 / 她做很多事情；

12. 经常称赞别人并想让他们知道；

13. 试图隐藏自己的悲伤和需要；

14. 不善于拒绝请求帮忙的人，实在无法提供帮助时，自己会很难过；

15. 有时会有强烈的落寞感；

16. 对于自己的付出，别人不接受或无动于衷的话，会很焦躁郁闷；

17. 懂得如何让他人更喜欢自己；

18. 有点小骄傲，觉得自己非常重要；

19. 有很多朋友，但总感觉没有几个可以交心的；

20. 借着对别人的付出来表现自己。

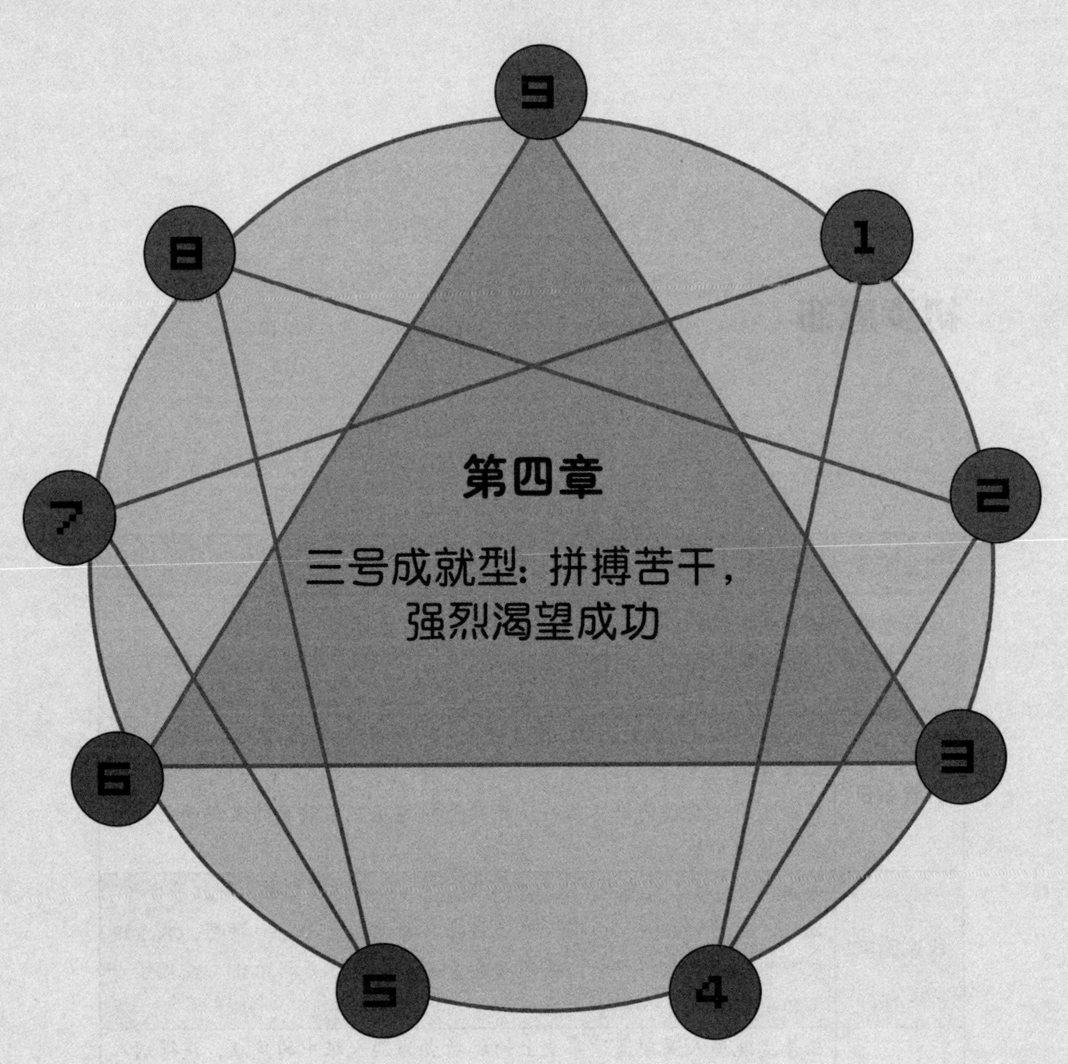

第四章

三号成就型：拼搏苦干，强烈渴望成功

初步感知

角色定位	成就型、促动型、力量型、实干者、实践家。
代表动物	孔雀、雄鹰。
代表人物	克林顿、李小龙、武则天。
代表名言	愿借精兵五千，斩关入内，册立新君，尽诛阉竖，扫清朝廷，以安天下。 ——袁绍 我并没有说要成为世界第一，我只是想超越在我前面的盖茨而已。 ——拉里·埃里森
代表国家	美国。相信很多人都记得“美国梦”这三个字，“美国梦”象征着梦想、目标、拼搏和奋斗。美国人渴望成功，并相信只要努力拼搏，敢于追求梦想，就能取得成功。美国人看重名利，尤其是华尔街，聚集了世界各地的投资家和资本掮客。
主要特征	三号成就型人渴望通过事业上的成功成为别人眼中的焦点，获得别人的认同，他们对于事业有近乎偏执的追求。在顺境中时，他们有强烈的事业心，会为了事业全力以赴，能成为社会的精英；但在逆境时，他们可能为了成功不择手段，成为危险人物。他们有着很强的执行力，如果运用得当，会大有作为。

性格特征——整体认识三号成就型

“深圳速度”这四个字，想必很多70后和80后都明白是什么意思。深圳从一个小渔村发展成比肩北上广的“一线城市”，其速度是惊人的，也因此，深圳成了很多拥有梦想和追逐梦想的年轻人向往的地方。深圳很像今天我们所说的九型人格中的三号，而深圳这座城市里面也有很多的三号人，他们与这座城市一样追求快速发展和成功，渴望鲜花、荣誉和名利。有时候，我们无法确定，到底是深圳这个城市成就了无数的追梦人，还是无数的追梦人成就了深圳这座繁华的大都市。

下面故事中的销售员韩江明，就是一个典型的三号成就型人。

韩江明要去参加一个比较重要的培训会议，一大早他就被自己提前设定好的闹钟给吵醒了，醒来后他没有片刻犹豫，立马穿衣服、刷牙、洗脸，接着又照了几遍镜子，感觉没什么问题后匆匆忙忙出了门，这一系列行为动作没有丝毫的拖泥带水，仿佛是被电脑设定好了运作程序一样。在往地铁站走的路上他还顺道在早餐店买了份早餐，工作再忙他也要吃早餐。对他来说，吃早餐可不仅仅是填饱肚子，他希望能拥有更健康的身体去打拼事业和实现梦想。韩江明一边往地铁站走，一边三下五除二地吃完了早餐，其间还接了一个客户的电话并帮客户解决了一个问题。

地铁站内人头攒动，看着这番景象，韩江明像往常一样又有点急躁了，等地铁的两分钟他就看了八次手表。地铁来后车厢内人很多，没能上地铁的人都选择了等下一趟，但韩江明却没有等，他着急地挤了进去。下了地铁，他一路小跑来到了开讲座的大厦楼下，电梯很长时间还不来，他就时不时地按一下电梯的上行键，进电梯后他又急忙按关门键，幸好他后面的那个人跟得紧，要不然就被电梯门夹住了。韩江明不仅没有表露出一点儿内疚，心里还想：走得这么慢，不着急的话你还不如等下一趟呢。电梯里有面镜子，韩江明又旁若无人地照镜子，整理自已因为匆忙奔跑而吹乱的发型。当电梯停在某一楼层时，一起上来的那个人不紧不慢地往外走，这时韩江明又不耐烦了，“快点了，赶时间。”他说的同时将手放到了电梯的关门键上，那个人刚出电梯门，他就赶紧按了关门键。韩江明的这一系列做法是不是让你感觉有点快呢？是的，这就是三号人的做事风格。三号性格者做事节奏快、追求高效、经常抱怨别人太慢，他们的目标感很强，追求成功，爱与人发生争执，有很强的好胜心，同时也非常注重自我形象。

电视剧《人民的名义》中的达康书记就是一个典型的三号性格的人，他是一个标准的工作狂，把个人价值都寄托在工作上。在电视剧中，达康书记也说了一句非常经典的话：法无禁止即自由。这句话体现达康书记强势作风的同时，也代表了三号性格者的行事风格。下面我们来简单了解一下三号成就型人的总体性格特征。

三号性格者有大梦想和大目标，十分渴望成功，并将成功当作人生的终极目标。他们重视名利，理性而现实，为了取得成功，往往会做出牺牲情感、婚姻、家庭和朋友的事情，会为了成功牺牲完美，走捷径，打“擦边球”；他们喜欢与人竞争，借由超越他人来建立优越感，在他们心目中，只有胜利者才配拥有别人的爱；三号性格者“对事不对人”，最讨厌磨叽的人和事，瞧不起不努力的人，他们的行动力超强，做事讲究速度和效率，有点像“特种兵”；他们相信世上无难事，只怕有心人，对于比较难办的事情，他们也不会轻易放弃，会千方百计地找到解决办法，不达目的誓不罢休，有一个三号性格的男生曾说：“如果自己喜欢一个女孩，不管使用什么方法，都一定要追求到手。”

此外，他们也是天生的领导者和表演者，有口才，有魄力，对任何事情都充满活力，喜欢有挑战性的工作，会刻意在别人面前表现出自己最优秀的一面，无法接受别人的批判和指责，认为那是对自己的否定；当他们在别人面前表现出很强的优越感或者很得意的时候，他们很可能会忽视身边人的感受，因此经常让别人感到不舒服；他们也很喜欢学习，只要觉得做某一件事对自己有帮助，能让自己更快取得成功就非常愿意去做，即使这个工作很枯燥乏味，他们仍旧会要求自己必须完成；三号性格者灵活多变，模仿力非常强，是典型“变色龙”。

三号性格者还非常摩登，特别注重自我形象，虽然在家可能不太注重仪表，但是出门肯定会认真打扮一番，他们很喜欢名牌，一个三号性格的女孩才 14 岁，就已经知道了很多名牌。

童年生活——三号成就型性格形成

内心情感

基本恐惧	没有成就，一事无成；担心自己不能被他人所认同。
基本欲望	希望实现自身的价值；被接受；能力被人赏识和认同。
基本忧虑	自己制定的目标无法实现。
潜在恐惧	害怕失败。
潜在渴望	获得别人的认可。
潜在情绪	订立的目标无法实现时会有挫败感。
世界观	胜者为王败者寇，生活就是竞争。
行为动机	渴望事业有成；以目标为主导；重视自我形象；希望被人肯定。
注意力焦点	在意目标和结果，只要结果是对的，并不要求中间过程。
强迫性行为	强迫自己避免一切失败。

续表

个人陋习	虚荣、爱出风头、自吹自擂。
性格倾向	目标感强烈，一心追求成功并全力以赴；不断地自我暗示：我可以做得更好；强势却容易受伤；实用主义信徒，具有工作和事业优先的原则；精力旺盛的背后是不敢面对低潮的恐惧；功利性和目的性比较强，有时会表现得比较势利和圆滑。

三号成就型性格形成的可能性原因——童年模式

自小我就很仰慕我的父亲，父亲工作能力很强，获得过很多奖杯和奖牌，每当我看着那些奖杯和奖牌时，心里都会默念："我也要像爸爸一样做个出色的人！"小时候心里就已经形成了这种成功的思维"要获得奖杯，像父亲那样威风凛凛"。从此，在成长的道路上，我就一直把获得荣誉作为我人生的信条。

小时候在参加舞蹈表演时，因为舞蹈技术不够娴熟，我被老师安排在非常不起眼的位置，为此我感到非常愤怒。为了能站在台前显耀的位置上，我开始不停地练习，在家里、公园、马路边，甚至是洗手间，只要我想，我就可以起舞。努力终究会有收获，最终我优美的舞姿打动了老师，被安排在了最前排显眼的位置上跳舞，站在舞台上，当镁光灯打在我身上的时候，我感到非常满足，心中拥有了极大的成就感。在我看来，只有站在最前排，观众才能看见闪耀的我，而我也才能听到阵阵掌声，真切地体会到成功的感觉，而这种成就感正是我执着追求的。

三号成就型人在童年时期就知道，自己是因为取得了某些成就才得到家人的肯定和赞许的，他们觉得这种感觉非常好，以致后来他们会为了获得家人的赞赏和肯定而不断努力。在得到赞赏之后，他们又会寻求下一个能够获得赞赏的事情去做，久而久之，寻求成功、获得赞赏成了他们生活中的重点。

我的母亲是一位英语老师，从上小学开始我就跟她一起上学、放学，直到初中毕业。与母亲生活在一起的日子里，无论遇到什么事情，母亲总是鼓励我，她让我相信我是无所不能的，如果我想做某一件事情，就一定能取得成功。记得小学五年级的时候，母亲是我的英语老师，一次学校举办英语演讲比赛，本来我并不打算报名参加，因为我的英语口语发音不标准，可母亲却偷偷给我报了名，她希望我可以借此机会锻炼一下自己。报名后，母亲开始鼓励我并帮助我练习发音，比赛当天我表现得很不错，超常发挥，取得了第一名的好成绩，我没有辜负母亲的期望。在登上领奖台领奖的那一刻，我也深深地相信了母亲的话——“只要努力，你就可以做得好，你是最棒的。”

三号从小就依赖家庭中负责照顾家人和在情感上维系整个家庭关系的人，而这个角色大多是由母亲扮演，所以三号比较认同母亲或者以母亲的形象出现的人，同时为了让家里人高兴，三号常常希望用自己的成就来弥补家庭中出现的不光彩的事情，成为家庭中的英雄。当他们的这种想法和做法长久持续下去的时候，三号就很可能成为家庭的掌控者和主持者。

心理咨询——三号成就型人的闪光点和不足

闪光点：渴望成功、不肯服输；智勇双全，有勇有谋；做事努力、勤奋；行动力很强。

三号性格者渴望成就，渴望被瞩目，是苦干实干的工作狂；做一个成功者是他们毕生的追求，梦想就是做一番伟大的事业，因此三号性格者总是以一种胜利者的姿态出现在人们的眼前；他们努力成为别人的榜样，希望一切都在正确的轨道上进行，害怕失败但不会逃避失败；他们吃苦耐劳，对工作的执着和热情会让其他人自愧不如，他们能勇敢地面对困难、挫折和压力，有时甚至会主动寻找压力，使自己变得更加优秀；他们是规则的制定者也是破坏者，他们不相信这个世界上只有一条通向成功的道路，为了获得成功他们可以采取一切方法和途径。“只要没有被禁止，就是允许的”，这就是三号的行为准则。

刘德华是三号成就型人的代表，他对工作的热情和对梦想的追求，以及所取得的成就令很多人只能望其项背，他在华人社会享有很高的声望，是华人娱乐圈影、视、歌多栖发展的代表人物之一，同时也是香港乐坛“四大天王”之一，吉尼斯世界纪录大全中获奖最多的香港歌手，出道至今已发行过一百多张唱片，演唱过近千首歌曲，举办过四百多场演唱会，参演过一百四十部电影，获得五百多个奖项，说他是三号成就型的人，一点都不假。

刘德华曾说：“我只是喜欢做第二。做第二很好，前面永远有个目标追，做第一高处不胜寒。无敌也很寂寞。”“我蛮看不起不用心的人，如果自己不用心，我会连自己都看不起。”历数刘德华的成就，我们不免心生敬佩，他出道至今已有二十余年了，很多与他同时期出道的歌手或者演员都已经淡出了娱乐圈，而他仍然活跃在舞台上，用自身的努力与付出演绎着“不老神话”。以刘德华为代表的三号性格者很有上进心，他们追求成功，有冲劲，有干劲，注重效率，可以用“咬定青山不放松”来形容他们的坚韧。此外，他们目标感强，一旦确定了目标，找寻到了做某件事情的真正意义，就会全力以赴。

领袖气质是三号性格者与生俱来的魅力，他们喜欢交际，善于说服人、激励人、鼓舞人，懂得利用他人的价值为自己的目标服务，在领导的岗位上能统筹全局、知人善任、营造高效的团队氛围。

不足：缺乏感情，工作狂；虚荣，过分承诺；变色龙，没有原则；目的性强，不择手段。

有人曾说：“三号性格者可以让你在一天当中感受到‘春夏秋冬’四季的转换，他们对你好的时候那是相当的好，不好的时候就会让你感觉到什么叫‘寒彻骨’。”为了达到自己的目标，他们会想尽一切办法甚至不择手段，当付出了一定的努力后，如果还不能达到目标，他们就会急躁恼火、意志消沉，甚至一蹶不振，很多时候这样的三号性格者会让人感觉到冷酷和无情。

三号性格者不太重视感情，心中只有工作和事业，对于空虚、无奈、温柔等会妨碍效率的种种事情或感情，会视若无睹，自动屏蔽。比如，如果家人或朋友要正在埋头工作的三号帮忙，那么他们肯定会以工作忙为由推脱。他们内心中只喜欢有能力和对自己有价值的人，常常忽略一个人的品行节操。另外他们也有爱慕虚荣的一面，非常在意名利得失，是九型人格中最有野心和斗志的人，但常常会因过于贪心，不懂得取舍，以至于什么都得不到。

为了维持自身的良好形象，他们会变换“角色”，说一些不切实际的话欺骗别人，同时也欺骗自己。因此，三号有时会失去朋友，他们很害怕亲密关系，因为当关系深入时，他们会因害怕真面目被看穿而选择逃避，所以三号型人不容易与别人建立亲密的关系，也很难放开自己与人坦诚交往。

沟通技巧——如何与三号成就型人和谐相处

知人先知面

身体语言	动作快，转变大；说话时总是做出相应的手势动作。
谈话方式	喜欢讲笑话；说话夸张；声音很大，声线不尖不沉。
常用词汇	可以，没问题；保证；绝对；最、顶、超。
面部表情	眼神锐利，充满自信，但刻意地不表露感受。
外貌特征	霸气、靓丽、摩登、有领导范、有锐气。
着装特征	喜欢名牌，非常时尚；喜欢穿能显示出自己与众不同魅力的服装。

三号非常渴望成功，希望拥有更多的财富和更高的地位，成为人人羡慕的人生赢家。因此，在平时的交往中，我们要给他们一定的尊重，给足他们面子，并帮助他们维护面子，这样才有可能与他们建立和谐的关系。

王鑫是出版社的编辑，平时做事认真负责，领导交代的工作不管多复杂都能如期完成，是个典型的三号成就型人。一天，部门的副主编来找王鑫，他一脸似笑非笑的样子对王鑫说：“我看你最近上班总是迟到，是不是工作都做完了？如果是的话，我这几天家里有点急事，需要请几天假，你就帮我把手头上的两本稿子校对一下吧。还有啊，我担心你做不好，所以也跟主编说了，到时候你校对完后拿给主编，让她再审一下，以免出错。”听副主编说完这些话，王鑫的心里很不高兴，但她没有表现出来，而是说：“真的很不好意思，我确实还有很多工作没有做完，而且您那里的稿子涉及很多专业化的术语和词汇，这个工作真得您亲自完成了，我怕自己校对出现问题，所以这个忙我帮不了。”

三号性格的王鑫本来就不喜欢被人批评，而副主编不但间接地批评了她，还否定了她的能力，所以三号性格的王鑫又怎么会帮副主编的忙呢？

三号性格者天生就有点傲气，因此在日常交往中，我们要善于发现他们的优点，适时地包容他们的“狂傲”，通过语言对他们表示认可和赞扬，尽量不要否定三号，尤其不要没来由地批评他们，如果真的需要批评也应该有理有据，让他们信服。三号性格者很多时候会表现得非常强势霸道，他们总是希望别人按照自己的方式办事；习惯批评和指责人，如果你被三号性格的人伤害到了，一定要找机会主动与他们沟通，因为他们有时候并不知道自己的行为已经伤害到了别人。三号性格者是一个工作狂，很重视工作和事业，所以与其交往，不妨多说一些工作上的事情，三号性格者会觉得你也是一个有事业心的人，才愿意与你继续交往。

日常生活中，每当有人让三号做某一件事情的时候，他们就会问：“这样做的好处是什么？”所以说，与三号沟通时要合理运用“好处”这个说话点。作为讲师，每当我在讲台上卖力讲的时候，总希望台下的听众能给予足够多的互动，比如热烈鼓掌、回答问题、点头致意等。于是，我就想到一个方法：给积极回答问题的听众加分，谁获得的分数最多，谁就可以免费获得一本精美的图书，这个方法一实施，课堂上很多人都是抢着回答问题，而我发现，每当台下的三号性格者回答完问题，他们都会对我强调：老师，赶紧给我加分。不仅如此，我还听到过很多三号性格者说："老师，这个问题回答完后，可以加多少分？"

所以说，与三号性格的人沟通的时候，不管是说话还是做事，切记不要啰里啰唆，要雷厉风行，干脆利索。比如请他们帮忙的时候可以直奔主题，直接说出能给他们带来什么好处，如果这个"好处"是跟荣誉、面子有关的，那么三号人更愿意去做。除此之外，在与三号人合作的时候，一定不要欺骗他们，因为他们一眼就能看穿你的"阴谋"，在面对利益纷争的时候，最好不要与他们发生冲突，因为三号人的好胜心是很强的，他们是不容许自己在竞争中失败的。

三号性格者一般都是很理性的人，没有太多的感情，但如果有人能理解他们，与他们达成很好的合作关系，彼此有共同的奋斗目标，那么他们也会付出真心，并倾尽全力保护对方。

温馨提示：

三号喜欢的：理解他们的忙碌，不耽误他们的时间；赞美和夸奖他们的一切；与他们有共同的奋斗目标的人；鼓励他们，并提供成功建议的人……

三号厌恶的：不相信他们、否定他们的人；言不由衷、溜须拍马的人；浪费他们时间的人和事；反复提起他们的错误的人……

职业发展——三号成就型人职场认知

职业规划

适合的工作	领导者、演讲者、销售员、公关人员、记者等。
不适合的工作	文字创作者、秘书、助理、化妆师等幕后工作。
适宜的环境	有竞争力、容易做出工作成果、可以表现自我价值的工作环境。
不适宜的环境	不能提供名望和地位，平静、没有生气、不注重实干的工作环境。
工作状态	三号性格者是“事业至上”的工作狂，他们天生就不是享受主义者，而是风风火火的实干家。他们对事业的看法是，没有成就便等于一事无成，他们这样做只是觉得只有如此才能实现自己的价值，才能受到尊重与敬仰。

拉里·埃里森读过三家大学，却没拿到一张文凭。32 岁之前的他一事无成，但他从未放弃过自己，他用一千美元创办了甲骨文公司，创下连续十二年销售额翻倍的传奇。拉里·埃里森成功后，有人恶意诽谤说他是靠抄袭起家的，除

此之外还有人说他是“硅谷花花公子”，但他本人一点儿也不在乎，他觉得只要自己的一切行为是有利于自己事业的就行了，他不在乎任何人的看法。

拉里·埃里森算得上是一个高调的人，为了成功也是用尽了一切方法，在甲骨文公司刚刚成立的时候，公司还不能拿出一款像样的产品，但埃里森却一点也不担心，他还提前对自己的产品进行宣传，说自己公司的产品“有高度可移植性，各种系统全部兼容”，正是由于埃里森的大胆宣传，甲骨文公司才迅速打开了市场。他信奉：“我不仅要获得成功，还要其他人都失败。”为了和同行微软竞争，在埃里森的指使下，甲骨文公司专门雇用了一支调查组，去翻检微软课题组的“垃圾堆”。对此，埃里森还在记者招待会上说：“我们要揭露微软的秘密活动，这是真的。我感到这么做非常好，虽然这样的方式有些野蛮，但它不犯法呀，我们誓将真相大白于天下。”

强烈的求胜心和对成功的渴望是三号性格者在工作上的最大激励，也是他们的工作态度。有人曾问埃里森：“你已经有几百亿的美金了，为什么依旧每天坚持工作？”埃里森这样说：“我很享受竞争，以及竞争中的学习过程。这令我陶醉。我不知道退休后会干什么，我航海时会四处乱看，有人想较量一下吗？我喜欢竞争，不想呆呆地坐在那里看日落。”

职场上的三号视时间如生命，唯恐浪费了追求成功的时间。当其他人面对堆积如山的工作手足无措的时候，三号却会感到充实和满足，他们是九型人格中最具奋斗精神的人，不喜欢平淡无奇、单调乏味的工作。相反，当他们面对一个竞争激烈、难度极高且能获得实质性成果的工作的时候，他们会爆发出惊人的力量。

三号成就型领导的职场作风

三号性格的领导者非常善于与人沟通，是很好的谈判专家，他们会根据环境和人迅速转变说话方式和技巧，融入任何一种环境以期取得自己想要的结果，他们会牢牢掌控一切，一旦决定做某件事情就会一心前进，任何困难和挫折都无法阻止他们。

三号性格的领导者非常喜欢有才能、踏实勤奋、积极进取的人，他们非常在乎自己的员工能给自己创造出多大的效益，对于那些工作上懒懒散散的员工会毫不留情地将其开除。他们喜欢用客观的管理方式来管理公司或员工，最擅长的就是制定清晰的工作目标，将工作任务恰如其分地分配给每一个团队，然后宣扬达成任务目标所带来的益处，团结下属共同完成。当他们给下属分派一项比较艰巨的工作的时候，他们总是会充满干劲地说："只管去做，没有什么不可以。"

三号领导者也是一个实力强劲的扩张者和改革者，尤其是面对压力的时候，他们不是放慢自己的步伐而是加速扩张，只要可以达到自己的目的，冒任何风险都在所不惜。他们的方向感和目标感很强，十分注重速度和效率，有激情有冲劲，是一个很好的"摇旗呐喊者"，但因过分强调效率，有时候会忽视质量。他们不太重视创新，因为创新会花费掉很大的精力和时间，所以他们会不断复制成功的模式，使用现成的解决方案解决新问题。

三号成就型员工的职场作风

三号性格的员工喜欢目标明确、奖罚分明、有发展前途的工作，他们不喜欢懒懒散散的工作，如果你让三号整日坐在柜台前做个收银员，那简直会要了他们的命。他们特别有竞争意识，非常喜欢担当领导者的角色，在工作中如果与其他人因为某一职位展开激烈竞争，那么他们肯定会使用一切方法为自己"拉票"，一旦没有胜出，他们就会非常不服气，内心当中依然认为"应该是自己坐上这个位置或者这个项目应该自己来负责"。

在工作中，三号性格的员工学东西特别快，尤其是当他们发现自己掌握了某种知识或技能后，可以获得更高的地位或更多的财富的时候，他们会更加卖力地学习直到自己能熟练掌握并会运用为止。此外，他们的行动力也特别强，比如年会上，当领导对大家说"谁还要表演节目？表演节目有奖励"的时候，三号会不假思索地举手或者站起来，即使他不知道下一刻他要表演什么，抑或不等领导说，三号会主动站起来要求表演节目。

销售技巧——如何“捕获”三号成就型客户

刘阳是部门销售经理，小张是他手下的一名业务员。一天，小张打电话给刘阳，说有个姓陈的老总太难搞了，已经沟通了很多次，可这个客户一直没有签合同，就在刚刚还表明不想合作了。刘阳决定帮小张一把，于是向小张询问了这位陈总的基本情况：陈总四五十岁，身材匀称，每次见面都是西装笔挺，头发也经过认真的打理，非常讲究，说话干脆利索，有点强势和高傲，但也不是那种目中无人的样子，最重要的是每次谈话都会带着一个笔记本电脑。

第二天，刘阳在一个非常高档的饭店与陈总碰面了，刘阳先到，他本来是坐在座位上的，一看到陈总来了，赶紧从座位上起来，大步流星地走到了陈总面前并主动与其握手。两人落座后互相做了自我介绍，刘阳知道陈总是个大客户，有钱有权，但刘阳没有任何怯场，而是如实介绍了自己的身份和头衔，并把自己以往的业绩也不露痕迹地说了出来。在整个自我介绍的过程中，刘阳一直表现得不卑不亢、从容大方，当介绍完自己的身份后，陈总面带微笑地点了点头。

谈话开始，刘阳虽然说了一些自己的优势，但他还是一直保持着谦虚的姿态，尤其是在谈到产品的时候，更是放下了一贯的领导架子，频繁地询问陈总对这款产品的看法，询问的时候他还用上了“请教”和“拜师”两个词语。当陈总说话的时候，刘阳则频频点头赞许并投上崇拜和敬仰的眼神，当陈总说到关键地方的时候，刘阳还拿出记事本进行记录，其间还一个劲地称赞陈总说得透彻，比自己这个专业人员都懂得多。

当陈总让刘阳介绍自己的产品的时候，刘阳没有任何客套烦琐的话语，直奔主题地介绍了产品的优点和好处，并站在陈总个人以及整个公司的角度为陈总分析了该产品的利弊。陈总一开始看到刘阳的时候，就感觉这个人应该是一个比较专业的人，当刘阳给他又重新介绍了一遍产品后，陈总更加觉得刘阳这人很靠谱，于是，慢慢地陈总也开始信任刘阳，最后合作就在这紧张而又轻松的聊天中达成了。

案例中的陈总应该就是一个三号成就型人，小张一开始没有与他谈成合作，很可能是因为没有看透陈总的性格，在细节处没有做到位。而刘阳是销售经理，什么人都见识过，所以他从小张一开始给他说的陈总的一些信息中已经大致了解了陈总的为人，所以刘阳才能有的放矢地与陈总交流。

那么，在具体的销售过程中，销售员应怎样与三号成就型客户沟通呢?

在与三号客户见面的时候，销售员一定要从动作上表示出热情欢迎和尊重崇拜的意味。三号成就型客户崇拜强者，不愿意做弱者，所以在向三号客户介绍自己的时候，销售员一定要表现出自己的专业度。

在与三号客户沟通的时候，还一定要从话语和表情中表现出自己对他的认同和崇拜，时不时地对三号客户进行一下赞美。销售员在向三号客户介绍产品的时候，一定不要太啰唆，不要拉家常，不要期望打感情牌做成生意，而应直奔主题，说出该产品能给他们带来哪些好处，站在三号客户的角度上帮助他们分析产品的利弊，切不可说一些无关紧要的话。

婚恋关系——三号成就型人的情感密码

目标型号

三号的“夫唱妇随”型	一号完美型、三号成就型、五号理智型
三号的“优势互补”型	二号助人型、七号活跃型、九号和平型
三号的“动力成长”型	四号浪漫型、六号疑惑型、八号领袖型

杨先生是个生意人，也是一个非常爱面子和讲究的人，他非常注重外在形象，穿衣服一定要穿名牌，吃饭一定要去五星级的酒店，去外面娱乐也肯定会选择去像高尔夫球场那样高档的社交场所。杨先生觉得，什么都没有面子重要，如果有人敢不给他面子，他肯定是耿耿于怀的。

因为做生意，平时肯定少不了礼尚往来，每当别人送他东西的时候，他总会回送一些，只是他送的东西一般都比较贵重。杨先生有能力，会赚钱，在外面也是一个呼风唤雨的人，却经常因意见不统一与妻子发生矛盾。杨先生的妻子是一个低调内敛的人，不喜欢炫耀和张扬，因此非常看不惯杨先生的所作所为，所以俩人经常吵架。

妻子希望杨先生可以多花点时间陪陪她和孩子，不要整天就想着工作和应酬，但杨先生却觉得：自己这么辛苦地赚钱养家，却得不到妻子的理解和支持，还整天和自己吵架；尤其是自己平时奢侈一点，妻子就会数落自己，这让他非常受不了。有时候，烦闷的杨先生会一个人躲在办公室里抽闷烟，他不知道自己到底哪里做错了，他也不知道自己到底该怎么做才能与妻子和谐相处，才能把家庭关系维持好，很多时候，他能把公司打理得井井有条，却不能把家庭关系处理好，这让他感觉很无奈和无助。

三号人是“工作狂”，非常渴望成功。面对事业的时候，他们总是会付出更多，因为把太多的时间都用在了工作上，所以常常会忽略了感情生活，以至于不能很好地处理感情上的问题。很多时候，由于三号过分关注自己的事情，当他们的某些行为已经伤害到了爱人的时候，他们甚至还不知道，直到对方离开，或许他们才会警醒。

两性关系中的三号成就型人

在两性关系中，三号人是行动力超强的人，如果他想追一个女孩子，肯定会主动出击，如果他想讨好自己的妻子，肯定会用钱或鲜花来表示，这样的三号男孩很受女孩的喜欢。此外，他们也是很有想法的人，知道自己想要什么不要什么，在情感关系中，如果彼此之间有矛盾和误会，他们会与另一半展开有效的沟通和交流，让爱人免于猜忌，彼此也能坦然地相处，如果另一半遇到困难，他们也能提供有效的建议和对策。

三号人很自信，无论到什么地方都是光彩夺目的。他们能说会道，外向活泼，能与不同的人聊天，这一点会让伴侣很高兴，比如男朋友带着三号性格的女朋友回家，三号女朋友能把男朋友家里人都哄得很开心。此外，三号人婚姻的目标感很强，他们找的伴侣要么漂亮，要么有知识，要么有钱，总之一定要满足他们心中的某一个需求。如果他们觉得某一个人能帮助自己实现人生目标的话，那他们就会使出浑身解数来讨好那个人，获得他（她）的认可。

三号很“成功”，可有时却让爱人……

三号性格者追求成功，渴望鲜花和掌声。很多时候，他们会要求自己的伴侣也和自己一样：成功、积极、有手腕，但并不是每一个人都想要这种所谓的成功。

有时为了达到某种目的，三号会不断地变换“角色”，更换“面具”，有时会显得很圆滑世故，这就让爱人觉得他们不真诚、太虚伪。而且三号性格者热爱名望和权力，常常忽视爱人和家庭，作为三号的爱人可能会觉得其实自己还没有他们的工作重要，长此以往，感情生活就会陷入危机之中。三号性格者无论是女人还是男人，一旦与伴侣争吵起来，他们就一定要占上风，要在争吵中取得胜利，有时候为了获得胜利他们还会旧事重提，这让伴侣无法接受。其实，即使获得了胜利又如何，彼此的感情已经没有了。

三号性格者非常有自信，认为自己是最棒的，且一切事情在自己的面前都是可以解决的小问题，因此面对伴侣提出的问题，他们总是会表现得不屑一顾，甚至嗤之以鼻，他们不知道这样做已经伤害了爱人的心。他们有事业心，也温柔、浪漫，不过在恋爱阶段，他们会把自己最好的一面展现出来，但结婚后或者家庭生活与工作发生冲突时，他们就会表现出疏离的感觉，为了工作忽视亲情和爱情。

如何让三号成就型人更爱你

作为三号性格者的伴侣，一定要感激他们的辛勤付出，理解他们的忙碌，因为很多时候，他们需要实现自己的人生价值，而他们在实现自己的价值的时候，也在为这个家辛勤地付出，他们需要来自身边最亲近人的鼓励和理解。

三号性格者天生就有点“劳碌命”，希望通过坚持不懈的努力获得成功，作为爱人应该支持他们的事业，给他们足够的时间去忙自己的事业，帮助他们打拼事业。作为三号性格者的爱人，一定要有很大的责任心和包容心，照顾好家庭的同时也应该培养自己的社交圈子，让自己能不断进步跟上三号性格者的步伐。不管是妻子还是女友，如果想让三号更爱你，就请做他们的“粉丝”，经常赞美他们、鼓励他们，用真诚的话语称赞他们的自信、效率、积极和活力，这样他们会觉得你是一辈子的知音。

在情感生活中，三号性格者一直要求自己表现出很有能力的一面，因此，身边的人很少能看到他们脆弱的一面。如果三号性格者的爱人能够体会他们的难处，理解包容他们的好胜心，那他们肯定会用感激和爱回报爱人。

亲子教育——如何教育三号成就型孩子

正确认识三号成就型孩子

性格特征：自信、乐观；积极进取、能力强；爱学习，希望用好成绩赢得肯定；好威风，爱做老大、爱领导人；倾向实际，善于察言观色，不懂表达情感；好逞强，夸大其词；投机取巧，骄傲自满；喜欢成功，不喜欢失败，一旦失败，会非常愤怒。

自身优点：积极进取，独立性强，讲究效率。

自身局限：爱出风头，贬低他人，争强好胜，喜欢走捷径。

培养目标：支持实干进取，反对投机取巧。

一般情况下，三号性格孩子的父母中肯定会有一个三号性格的。

三号成就型家长自述：我认为自己是一个充满正能量的妈妈，我有目标、有方法、行动力超强，如果我想做一件事情，我肯定能做好。现阶段我的目标就是努力工作赚钱，提供给孩子最好的生活和学习条件！在未来，我也希望孩子可以获得成功，在各方面都可以做到优秀！我希望孩子学习好、体育好、美术好、人缘好，最好是样样都好，得到老师和同学的认可，实现自己的人生价值！

给家长的建议：多陪伴孩子，不要因为忙碌而减少陪伴孩子的时间。在陪伴孩子的时候，家长应该全身心地投入，不要让孩子感觉到你在陪伴他们的时候还在想着工作，不要对他们提出太多的要求，太多的压力和要求只会让他们找不到方向。

激励安抚：作为父母，平时应注重提高孩子的社交技能，教导他们察觉自己的情感，不要过于计较得失和成败，告诉他们经历也是一种美。如果他们确实需要鼓励，不妨用“论功行赏”的方法来激励他们，如此他们绝对会以最大的努力去拼出好成绩。

亲子教育法：①家长应尊重孩子的意愿，不宜做太多干预，同时也应告诉孩子应尊重别人的意愿；②家长应以身作则，不可一味与人争长短，同时也应告诉孩子要正确评价自己和他人；③教育孩子取得成功要通过正当的方法，要脚踏实地一步一步来，不可投机取巧；④三号性格的孩子重视荣誉和面子，很难接受失败，父母应该培养其承受失败的能力；⑤教育孩子应该关注他人的感受，对人真诚坦荡，与人建立真挚友谊，培养合作精神；⑥教育孩子要尊重自己的内心，真实地面对自己的人生，限制其桀骜不驯的心理和行为。

接受失败，懂得放弃

三号人把追求目标、成就自我当成人生的最大信条，为了获得成功常常忘记自我的存在。他们就像孔雀，为了得到别人的认可而展开自己美丽的羽毛，如果没有人欣赏，他们就觉得自我失去了价值，茫茫然不知身在何方。三号人不应该总是以评价作为自身成长的标准，为了获得赞扬或荣誉而忽略了自己的真正生活，要明白内在的成长比外在的成功更重要。而过度注重成功、害怕失败是三号性格者的致命缺陷，三号性格者一定要明白，一件事情失败了有很多方面的因素，不要因此就否定自己。有时，三号性格者害怕失败的程度会令他们失去冒险精神，导致他们除了做有把握的事情外，其余的一概不敢尝试。

魏明帝时，曹爽和司马懿共同执掌朝政。司马懿被升为太傅，其实是明升暗降，军政大权都落入曹爽手中，见此情景司马懿便假装生病，闲居家中等待时机。曹爽骄横专权、不可一世，唯独担心司马氏，此时正值李胜升任荆州刺史，曹爽便叫他去司马府辞行，借机探听虚实。司马懿明晰实情，就摘掉帽子、散开头发、拥被躺在床上，假装重病。

李胜进来拜见，说："一向不见太傅，谁想病成这般。现在我被任命为荆州刺史，特来向太傅辞行。"司马懿佯答："并州靠近北方，务必要小心啊！"李胜说："我是往荆州，不是并州！"司马懿还是装糊涂继续说道："并州是边境要地，一定要抓好防务。"李胜心想："这老头儿怎么病得这般厉害？都聋了。""拿笔来！"李胜吩咐，并写了字给他看。司马懿看了才明白，笑着说："不想耳朵都病聋了！"司马懿用手指指口，侍女即给他喝汤，他用口去饮又吐了满床，噎了一番才说："我老了，病得又如此重，怕活不了几天了。我的两个孩子又不成才，望先生训导他们，如果见了曹大将军，千万请他照顾！"说完又倒在床上喘息起来。

李胜拜辞回去，将情况报告给曹爽，曹爽大喜，说："此人若死，我就可以放心了。"从此对司马懿不再防范。司马懿见李胜走了，就起身对两个儿子说："从此，曹爽对我就放心了。"不久，曹爽护驾，陪同明帝拜谒祖先，司马懿立即召集昔日的部下，率领家将占领了武器库，消除了曹爽羽翼，掌握了朝中军政大权。

这个故事告诉我们，三号人要想取得成功，应该学会放弃，放弃并不意味着失败。譬如下围棋，有时放弃了小的利益，却能得到更大的利益，司马懿正是懂得了这个道理，才取得了最后的胜利。人生就是一场旷日持久的战斗，要想有所获得，就必须有所放弃，什么都想要，到头来恐怕只会是“竹篮打水一场空”。

三号性格者要尝试着抽出点时间与别人相处，不管是亲人还是朋友抑或同事，不要总想着会得到什么回报，要学会享受快乐，体验做事过程中的酸甜苦辣，不要一味地追求结果。三号也应该明白这个世界上没有谁离开谁就活不下去的，自己并没有想象中的那么重要，不要过分夸大自己的重要性，真诚可靠比吹嘘自己的成功、夸大自己的成就，更能让人印象深刻。

知晓自己，看透他人——谁是三号成就型

下面是三号成就型人的一些常见表现，你可以看看身边的人是否具有以下特征：

1. 渴望事业有成就，重视自我形象；

2. 精力充沛、热爱工作、奋力追求成功，以获得地位和赞赏；

3. 对自己的能力充满信心；

4. 希望所做的每件事都是成功的；

5. 相信这是竞争的世界，喜欢凭借自己的能力在超越他人的竞争中建立自己的优势；

6. 坚持自己的目标，为达成目标可以克服许多困难；

7. 做事非常有效率且注重结果，有时会为了效率和结果而牺牲完美；

8. 相信世上无难事，只怕有心人；

9. 很注重在众人面前展现出最美好的一面；

10. 常常因要做的事情太多太急而忽略自己及家人的感受；

11. 希望无论在什么样的场合中，都能得到他人的认同；

12. 常常为了事业成功、声望、地位、财富而使自己筋疲力尽；

13. 通常会避免与人直接对抗；

14. 是很有说服力的人；

15. 重视会做什么而不是会做错什么；

16. 倾向避免说出与情绪有关的事，喜欢和朋友谈论所做的事情及工作；

17. 喜欢别人称赞自己的活力和能力；

18. 不断提出新的工作目标，并且常常同时做多份工作；

19. 会见机行事，并且能迎合别人的期望或根据情况而改变自己；

20. 是受人欣赏、有能力、出众的人。

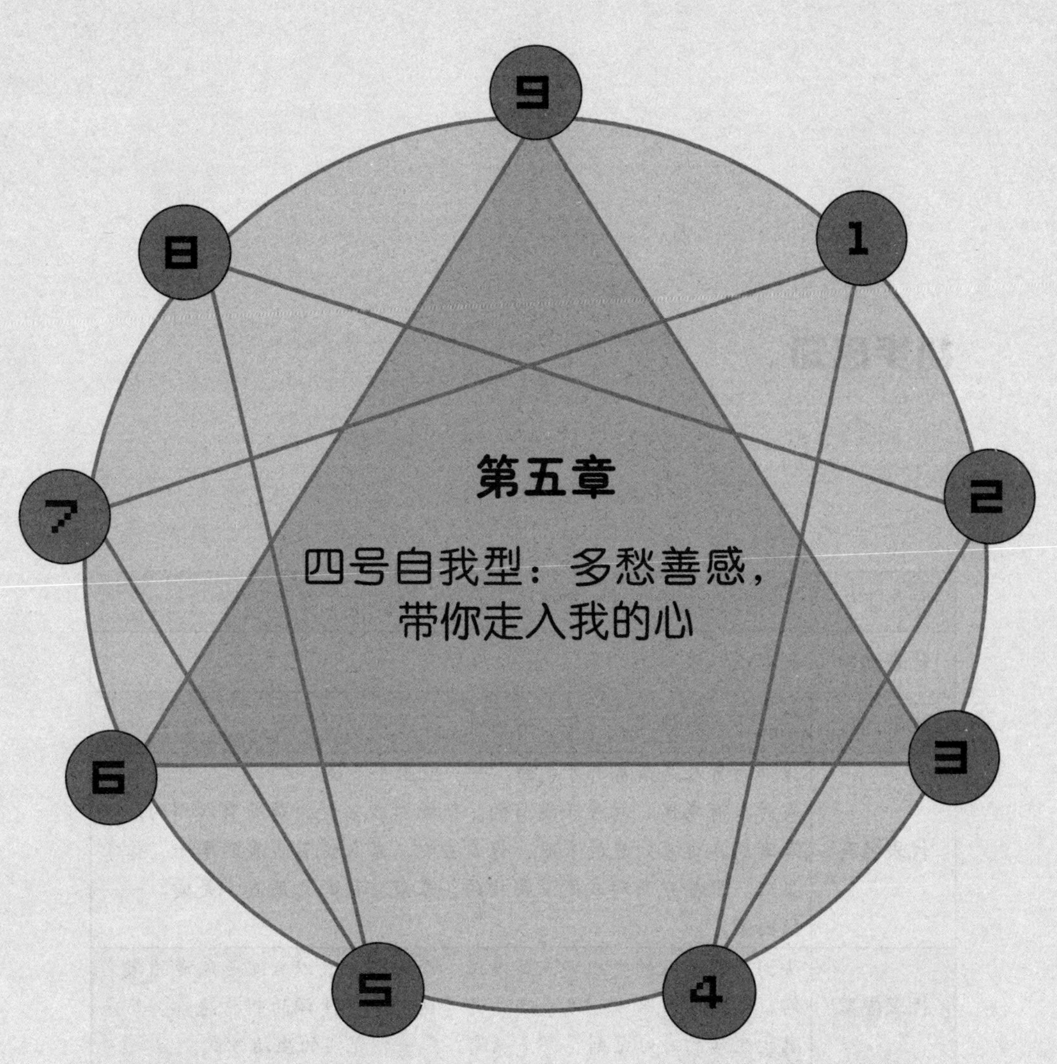

第五章

四号自我型：多愁善感，带你走入我的心

初步感知

角色定位	浪漫型、抑郁型、艺术型、自我型、个人主义者。
代表动物	忧郁犬、黑马。
代表人物	徐志摩、张国荣、三毛、梁朝伟、张曼玉、谢霆锋。
代表名言	忧郁的男人是最富有才气的。——亚里士多德 我对人有感情，对屋子没有的。死物对我来说，是没有所谓的。如果有朋友说喜欢我的衣服，你拿去吧。家人说喜欢我的车子，你拿去吧。那些东西对我是没影响的，我最重视的是朋友，是爱。——张国荣
代表国家	法国。四号人的突出特点是浪漫，而法国一直以来就是浪漫的代名词。在法国人眼中，浪漫不是为了达到某种情调的刻意追求，而是融于生活的每时每刻、每个点滴，是一种现实的生活方式。
主要特征	四号自我型人是特立独行的一种人，他们情感丰富、细腻、敏感，常被别人认为脆弱，反应过度。他们性格内向，做事很情绪化，渴望获得别人的理解和信任；顺境时灵气十足，极富创造力，逆境时则意志消沉、哀伤忧郁，会产生无助的感觉。

性格特征——整体认识四号自我型

四号性格者是不食人间烟火的仙子，是九型人格中最特立独行的一种人，他们的内心世界很丰富，情绪起伏大，常常感觉别人无法理解自己，而自己也无法融入这个世界中。他们的世界总是充满了幻想，很多时候四号是浪漫而富有诗意的，出尘脱俗，傲然独立，但可能因为天生的性格使然，他们常常给人一种悲观忧郁之感。

“爱到底是什么东西，为什么那么辛酸那么苦痛，只要还能握住它，到死还是不肯放弃，到死也是甘心。”这是一代文学名人三毛说的话。三毛，原名陈懋（mào）平，台湾著名女作家，她一生曾到过许多国家，写了很多传世佳作，每部著作都散发着诗意和灵性的光。

1973 年，三毛与西班牙人荷西在撒哈拉结婚。三毛特别崇敬爱情，为了爱情不惜放下安稳的生活，追随爱人到荒凉的撒哈拉沙漠。撒哈拉沙漠的生活环境非常艰苦，三毛在那里遭遇了种种困难，但她从未放弃过爱情，也从未放弃过生活，并且乐在其中。1979 年中秋节，荷西在爱琴海潜水时发生了意外。三毛在小屋里独自守灵，她握住荷西的手，一遍又一遍地喃喃自语："荷西，你不要怕，我尚有父母，不能陪你一起走，现在我握住你的手，那边会有神来接你。你勇敢地走过去，再过几年，我会赴你的约会……"

此后，每次与人说及荷西，她都双手掩面，泣不成声。三毛已坚定了要与相爱的人在世外约会的"死"的决心，最终在医院自杀身亡。三毛曾说："假如我选择自己结束生命这条路，你们也要想得明白，因为这对于我，将是一种幸福。"她还认为：生命不在于长短，而在于是否痛快地活过。这就是三毛，一个至情至性的女子。

四号性格者个性独特，不随波逐流，时常感觉自己是与众不同的；他们浪漫、爱幻想、敏感、悲观、多愁善感、感情丰富；他们有时候会表现得才华横溢、能量十足，有时候又好像心事重重、悲观消极，他们的情绪变化犹如六月的天气说变就变，常常连自己都无法了解；四号性格者一生都把追逐不凡的人生作为生命的意义，拒绝平淡无奇的人生或情感，在他们的世界观里，每对自己多一分了解，便对人生多一分渴望；对于四号人来说，如果一生只营营于外物，却不曾停下来好好了解自己的内心，了解身边的亲人、朋友，那么将是件非常遗憾的事。下面我们来简单了解一下四号自我型人的性格特征。

二号助人型人的关注点是别人，而四号自我型人的关注点是自己以及自己的内心，认为只要我自己感觉好就行了；他们天生就具有艺术家的气质，内心丰富、忧郁、敏感，有创作的才华，很多明星都具有四号自我型的性格特质；他们喜欢凭直觉办事，喜欢跟着感觉走，只做自认为有感觉的事情，常常活在自己的世界里；他们的内心是变化的，这从他们的穿着上就可以看出来，他们可以今天穿得很淑女，明天穿得很嬉皮；他们不喜欢枯燥无味的工作，喜欢有意义的、独特性的工作，认为保持独特个性是很重要的；他们讲究品位，具有很好的审美眼光，不喜欢随波逐流，认为重复的人生毫无意义；他们非常敏感，且情绪化严重，常常会陷入痛苦的记忆中无法自拔，很容易抑郁；即使受伤了，他们也不喜欢找人倾诉，一般会找个安静的地方自己舔舐伤口，他们潜意识中认为身边的人对他们都不了解，并对肤浅的人会很不耐烦。

他们是九型人格中最不在乎钱和权的人，挣钱和管钱并非他们的生活中心，花钱才是让他们真正开心的事情，他们一般会赠送他人特别的礼物，也愿意花很长的时间和精力去寻找一种能准确表达自己心意的礼物。

童年生活——四号自我型性格形成

内心情感

基本恐惧	缺乏自我认同，不能认识到自己的价值和意义。
基本欲望	希望深入地自我了解，看透人生，做自己。
基本忧虑	我和别人都不同，和他们格格不入，我的同伴在哪里。
潜在恐惧	生命中仍有不足之处，情感世界仍有缺陷。
潜在渴望	我如何才能与众不同。
潜在情绪	无法遵从自己的感觉时会有情绪，忧伤或者嫉妒。
世界观	世界是充满悲情的，如果每个人都能有感情地对待彼此，世界就会变得美好。
行为动机	我行我素；感情丰富，思想浪漫且有创意；拥有敏锐的触角和独特的审美。
注意力焦点	内心的感受和想象。

续表

强迫性行为	拒绝平淡无奇的人生或情感。
个人陋习	羡慕、妒忌、任性和暴躁。
性格倾向	内向、被动、悲情、感情丰富；重视人的感受，善解人意；浪漫优雅，有品位和个性。

四号自我型性格形成的可能性原因——童年模式

很多四号性格者小时候也曾享受过温暖舒适的生活，但可能因为某一件事的出现而改变了他们的生活。有些是由于双亲的离异或逝世而失去了父母之爱，也有些是家庭环境的剧变，但无论是哪一种，这种冷落、孤独的记忆对四号造成的创伤都是强烈的，由此他们会感觉到情感的世界是残酷的，容易破碎和幻灭。

由于从周围的生活中无法得到温暖，因此童年时期的四号性格者常常会幻想出一个美好的世界，他们在自己设想的浪漫或悲情的世界里过日子，从而来满足自己的情感需求，他们沉迷于幻想的感情世界中无法自拔，一直在内在的感情世界与妄想的世界中游离。

7 岁之前，我过得还算幸福，那时候我的爸爸和妈妈都在我身边，他们都很爱我，我是他们的掌上明珠。我清楚地记得，4 岁上幼儿园那天，是爸爸和妈妈一起把我送到幼儿园的，而这也是我第一次离开他们，虽然上幼儿园需要离开爸爸妈妈，但我并没有像有的孩子那样哭泣，因为我知道晚上还会再见到爸爸妈妈的。

一切都是那样的美好，爸爸妈妈上班，我上幼儿园。可是，不知道从什么时候开始，家里的氛围变了，爸爸不再每晚回来吃饭，有时候他好几天才回家一次，回到家不是和妈妈吵架就是不理睬妈妈。那个时候，妈妈也不爱打扮了，脸上的笑容也少了，我问妈妈她和爸爸为什么总是吵架，不像以前那样相亲相爱了，妈妈伤心地说："没事，过一段时间就好了。"时间慢慢地走过，家里的"战争"愈演愈烈，有一次，爸爸竟然动手打了妈妈，那次妈妈的嘴角流着血，爸爸的脸上有了很多血道，我哭着求他们不要打了、不要吵了，可是我的哭声根本起不到任何作用，那一刻，我无助又无奈，只能任由泪水横流。最终，爸爸和妈妈在两个星期后离婚了……

每当过节的时候，我就很伤心，尤其是看到别人家里，父母做了一大桌子菜的时候，我就更加想爸爸和妈妈，我想，如果他们在家肯定也会做这么多好吃的。其实我不是想吃多好吃的东西，我只是希望他们能每天陪着我，如果我每天放学都能看见他们，那么我以后不花零花钱也行，我还要每天帮他们做家务……在四号人的童年生活中，他们身边最重要的人，尤其是父母很可能是缺失的。不管是父爱还是母爱的缺失，都会使四号人在情感的世界中不能健康地成长。即便四号人的童年父母都在身边，但如果家庭不和睦，整日争吵不断，那么他们也会在压抑的氛围中形成忧郁、悲观的性格。从另一个方面来说，父母的时而出现、时而消失也会在一定程度上影响着童年时期的孩子，这种影响在留守儿童身上的呈现是非常明显的。

童年时期，每个孩子都需要关爱，尤其是来自父母的爱，但为了生计，很多父母都选择外出打工，留下幼小的孩子与老人一起生活。很多留守孩子一年中只能看到父母一两次，他们内心中极度渴望父母的陪伴，因此他们会在长期的生活中形成对父母的思念和对关爱的渴望，这也使他们内心中非常重视感情和关爱，从而也会因为爱的缺失而形成脆弱敏感的性格。

心理咨询——四号自我型人的闪光点和不足

闪光点：气质独特，与众不同；纯情、真挚；心地善良，有同情心；有灵感和创造力。

张爱玲、徐志摩、马龙·白兰度等人都是四号性格者，四号人大多从事艺术或文学创作。而将悲情和浪漫发挥到极致的一位中国女作家就是张爱玲，她是典型的四号性格者。

张爱玲感情丰富，敏感、悲观、多愁善感。她的很多作品都充满了悲情的色调，就连自己的爱情和生活也充满了悲情的色彩，她拥有天才般的感悟力和洞察力，能深刻体会到他人的心理感受，她写出了很多经典的文学作品，而这些作品也在某种程度上感动了无数人。张爱玲曾这样描述自己：我是一个古怪的女孩，从小被目为天才，除了发展我的天才外别无生存的目标。然而，当童年的狂想逐渐褪色的时候，我发现我除了天才的梦之外一无所有，所有的只是天才的乖僻缺点。世人原谅瓦格涅的疏狂，可是他们不会原谅我。

加上一点美国式的宣传，也许我会被誉为神童。我3岁时能背诵唐诗，我还记得摇摇摆摆地立在一个清朝遗老的藤椅前朗吟“商女不知亡国恨，隔江犹唱后庭花”，眼看着他的泪珠滚下来。7岁时我写了第一部小说，一个家庭悲剧。遇到笔画复杂的字，我常常跑去问厨子怎样写。第二部小说是关于一个失恋自杀的女郎，我母亲批评说：“如果她要自杀，她决不会从上海乘火车到西湖去自溺。”可是我因为西湖诗意的背景，终于固执地保存了这点……

我们都知道，张爱玲在生活方面不是一个灵巧的人，但在表达对生命和生活的感受时，她绝对是一个天才。她不善交际，却内心丰富、善于想象，这使得她在个人的创作上取得了令人瞩目的成绩。如果你是四号自我型的人，那么一定要抓住自己内心丰富的想象力，听从内心的声音，走出自己的风格。

四号性格者有与众不同的品位和个性，气质独特，眼光敏锐，能第一时间发现事物的与众不同之处。比如，在穿衣风格上，四号人就比较有见解，总是能把一件衣服穿出与众不同的风格来。他们心地善良，有同情心，是“落入凡间的精灵”，能深刻体会别人的痛苦，会帮助弱势群体。他们总能够在别人需要帮助的时候付出自己的爱，当他们感受到强烈的情感认同时，会表现出超乎常人想象的活力和热情。此外，他们真诚而坦率，不会拐弯抹角和阿谀奉承，如果有人能接受他们的坦诚和可爱，他们是可以与其交心的，只要被他们视为可以交往的真诚朋友，他们就会仗义付出，不计较任何得失。

四号性格者的内心世界很丰富，感性而浪漫，具有很强的感知力，非常重感情。我曾在课堂上故意说了一句话：“你还记得那个他（她）吗？”

当时，很多人都不明白我这句没来由的话是什么意思，而这时一位四号性格的女孩子却深深地点了点头，因为她确实对曾经深爱的那个人无法释怀。另外他们也很有创造力，可以成为伟大的艺术家。他们如果做演员，肯定能准确把握人物的感受，将角色演绎得出神入化；如果当作家，绝对能准确生动地描述出每个人的心理活动；如果成了舞蹈家，也肯定能通过肢体语言来表达出人物的内心世界。

不足：爱幻想，过度自我；自视甚高，孤芳自赏；情绪起伏大；忧郁、悲观，沉溺于痛苦；封闭自己，不自信。

有个人在半夜三点的时候给他最要好的朋友打电话，朋友问他：“大半夜的你不睡觉，打电话有什么事情？”他回答道：“哥们啊！我想了很久，最后做了一个决定——自杀！”朋友回答道：“大半夜你不睡，尽想些乱七八糟的，我不跟你胡扯了，明天我还要上班呢！”他这样半夜打电话说要自杀已经不是第一次了，朋友知道他就是这样一个人，所以完全没当回事。

而他则幽怨地说：“我一直把你当成最好的朋友，结果你一点儿都不了解我。”他刚说完，朋友就说了句：“好了，别想那么多了，明天再说吧。”接着就挂了电话。他顿时无比失落、沮丧，在他最需要温暖的时候，连最要好的朋友也不愿陪伴他，于是他一个人呆呆地坐了很久，然后就想要给这位“没有人情味”的朋友写封信，好好奚落他一番。于是，他找出纸和笔，郑重地写下了自己的感想，并告诉这位朋友以后再也见不到他了，他边写边落泪，就这样写着写着竟然睡着了。第二天醒来，早已把自杀的事忘得一干二净。

过了几天，他又给那个朋友打电话，说：“我想出国旅游，去一个没人去过的城市，你去不去？”朋友说：“我还要工作赚钱呢，哪有时间去啊，这次不陪你了，你自己去吧！”又过了些时日，他再次凌晨三点给朋友打电话，说：“这次我终于想明白了，我确定我还是要自杀！”朋友已经被他反复无常的表现搞得几近崩溃，又气又笑地说：“你别自杀了，你先把我杀了吧！”

四号性格者偏执、任性、追求独特、讨厌平凡，常常对自己拥有的东西视而不见，却对得不到的东西非常痴迷，给人一种“身在福中不知福”的感觉；他们过于关注自己的内心，经常沉醉于不切实际的幻想之中，置现实生活于不顾，一旦受到打击，就会更加痴迷幻想；他们易受负面情绪的影响，且很容易深陷其中无法自拔；面对失败的时候，他们会不断地否定自己，认为自己是没有价值的，即使内心非常苦闷，也不愿意宣泄自己的情绪，常常把苦闷和焦虑压抑在内心之中；他们非常敏感，很难融入集体，人缘不佳，有时还会任意地表达自己的情绪，之后又什么都不解释，常常给人一种无理取闹的感觉；当被人误解的时候，他们就会远离人群，从而沉浸在自己的内心情感世界中，自我封闭，不再与人接触。

四号性格者做任何事情都会不自觉地往坏处想，易受消极情绪的影响，表情也总是忧郁和伤感的，是十足的多愁善感者。他们渴望被理解、被爱、被接纳，但不会直接表达需求，他们强烈希望得到别人的尊重，因而常常会忽略别人的感受，其实不是他们自私，而是过于强调自我的感受造成的，于是总是给人过于自我的印象。

沟通技巧——如何与四号自我型人和谐相处

知人先知面

身体语言	行为举止优雅得体；没有大动作。
谈话方式	经常保持沉默，不发表意见；逻辑性差；喜欢说感慨的话。
面部表情	眼神忧伤、思念；表情幽怨，感性而迷人。
常用词汇	我感觉、浪漫、品位、俗气、看心情等。
外貌特征	优雅、忧郁、孤傲、飘逸、富有艺术性。
着装特征	穿衣服很有品位，讲究服饰的搭配；引人注目，具有鲜明的个人特色。

四号性格者是极其敏感的，非常重视自己的内在感受，同时对于别人对自己的看法也很在意。他们总是以自我为中心，喜欢跟着感觉走，拥有

独特的世界观，并希望表现出自己超凡脱俗的风采。当他们表现出与众不同的个性和风采的时候，当然希望得到别人的称赞，如果这个时候有人能站在他们的立场上，由衷地称赞他们的独特个性，那么他们就会有种找到了知己的畅快感觉，从而对对方产生好感，甚至希望成为永远的朋友。

下面这段话是一个事业很成功的女性朋友说的，从中我们或许可以体会出如何更好地与四号性格者和谐相处。

柯总有着不错的事业和幸福的家庭，是多家公司的老板，她热爱中国的传统文化，近年来一直在做非物质文化遗产传承和保护方面的工作。作为领导者，柯总深谙管理之道，平时对公司的年轻人，不管是男孩还是女孩，总是能给予一定的关心和帮助。她从来不批评人，即使员工犯了错误，也总是能通过恰当的话语让对方自己发现错误，从而加以改正。

在柯总的公司有一个男孩，二十出头的年纪，是搞绘画创作的。平时这个男孩给人的感觉就是内向、腼腆、羞涩，与女孩子说话都会脸红。出于一种善意，柯总对这个男孩也非常关心，有时候下班回家，如果赶上了就会送男孩回家。柯总人很漂亮，气质也好，同时又能够理解男孩的艺术创作，于是渐渐地，男孩对柯总产生了爱慕之心，经常买礼物送给她，有几次还买了裙子送给她。最重要的是男孩会非常用心地在裙子上画一些花草和蝴蝶，真的很浪漫！

可能爱情来的时候，都是令人头昏脑涨的吧。一次，男孩向柯总坦诚了自己的爱恋，柯总直接告诉他，俩人是不可能的。可是，四号性格的男孩却偏执地认为柯总就是自己的真爱，仍穷追不舍，柯总费了很多口舌也没有说服男孩，男孩潜意识里觉得，你可以不爱我，但是不可以不让我爱你。最后，柯总无意间发现了一个办法，就是跟男孩谈钱和权，逼迫男孩自动退出。这个做法或许有点残忍，可能会伤害男孩的真诚，可是柯总知道，这样的做法对大家都好，不至于使年轻的男孩未来会后悔现在的荒唐。于是，有事没事柯总就跟男孩聊金钱、车子和房子等话题。身为画家的男孩初出社会，没有钱，同时也是一个不在乎钱的人，而柯总又总是说一些与钱有关的事情，时间一长男孩觉得柯总总是谈钱，很俗，并不是自己心目中的“理想女神”，也就不再苦苦追求柯总了。

四号性格者看重感觉而非名利，对金钱和名利非常厌恶。故事中的男孩是一名画家，羞涩、腼腆，重视感觉，不太看重金钱和权力，应该是四号自我型的人。男孩一开始喜欢柯总，应该是被柯总的温柔、善良感动了，所以才会不顾世俗的压力，毅然决然地追求柯总，后来柯总略施小计，使男孩觉得她是一个爱慕虚荣的女人，于是四号性格的男孩就渐渐疏远了柯总。从这个故事中，我们大概能体会出与四号人相处的方法了吧？

与四号性格者相处的时候，切记不要总是谈金钱、名利和权势，这些是四号人非常厌恶的，他们会觉得整日把名和利挂在嘴边的人很俗气，从而不愿意与其进行长期的交往。作为四号性格者的朋友，应该试着欣赏他们的独特性和艺术气质，并称赞他们的品位和个性，如果有需要，可以在某一个时间段学着做浪漫、多情、充满艺术气质的四号人，这样他们会更喜欢你，并愿意主动接近你。

作为四号的朋友或者亲人，不要试图用理性的思维来与他们沟通和交流，他们是感性的动物，经常跟着感觉走，因此可以用感情跟他们交流，这样他们就会有种遇到了知己的感觉。四号性格者也是想象力非常丰富的人，他们脑海中总是有很多新奇的想法，作为朋友，可以鼓励他们把那种感觉通过某一种方法表现出来，比如绘画、写作和跳舞，这样不仅可以帮助他们找到属于自己的价值，还可以获得他们的好感，与他们建立亲密的关系。

与四号人相处的时候，一定要重视和尊重他们，走进他们的内心中，对他们表示真诚的理解、关心和支持。如果他们沉浸在某种不良的情绪中无法自拔时，作为朋友一定要善意地询问他们的感受，让他们借此抒发自己的忧伤，宣泄自己的情感。

温馨提示：

四号喜欢的：理解、支持他们与众不同的特性；承认并欣赏他们的创造力；通过做浪漫的事情，向他们表达爱；给予他们足够多的陪伴和理解……

四号厌恶的：不重视他们的感受，强迫他们做事情；虚情假意的人；不理解或者批评他们的多愁善感；把金钱、权势和名利看得太重的人……

职业发展——四号自我型人职场认知

职业规划

适合的工作	舞者、画家、歌手、设计师、心理顾问等。
不适合的工作	助理、文员、会计等事务性、机械性的工作，或不具备创造性的工作。
适合的环境	有创意、突出个人风格、充满情感的不凡环境。
不适合的环境	刻板枯燥、官僚制度浓厚的办公室环境。
工作状态	在职场上，四号性格者比较适合有创意性的工作，他们精力充沛，是以结果为导向的人，但前提是，他们必须从心底喜欢和热爱目前所从事的这份工作。在工作中，他们有时候会比较随性，如果感情和工作发生冲突，他们常常会暂停工作去处理感情。

有一位房地产的老总曾说过这样一段话：

我是一个没有计划的人，我觉得没有计划就是计划，很多时候，我无法确定自己的工作日程，因为工作中的很多事情总是突如其来地从天上掉下来。所以，我的很多决定也都是率性而为的，感受到了哪里就在哪里做决定，有时我可能开车的时候想要约一个客户见面，但车子转个弯，我又想回家陪孩子了，因此我常常会放朋友的鸽子，好在他们也都理解和包容我，这让我很欣慰。

有一次，我受邀参加朋友发起的越野车俱乐部的活动，我驾驶着越野车行驶在凛冽的北风中，一种从未有过的感觉从心头油然而生，那延绵的山脉像是一条卧龙，那挺拔的白杨好似一位盖世英雄，我被这郊区的景色深深地吸引着，我感觉如果在这里建一个别墅，一定别具风情。于是，我马上给助理打电话，让她打听这附近的地皮情况，并告诉她我要这块地，让她去搞定。而当时的我相信，只要我能充分发挥自己的创造力，肯定能打造出一个别具特色的楼盘，而这个楼盘肯定会受到追求自然美的人的喜欢。

我们工作的环境中肯定会有这种人，他们上班总是迟到，不喜欢被强迫着做事情，心情好的时候工作效率高，不好的时候则要请假休息。这样的人很可能就是四号性格的人，他们的情绪起伏很大，而这种起伏是每一个四号性格者无法控制的，即使身为领导，很多时候也会受到这种情绪的支配。

四号自我型领导的职场作风

作为领导，四号性格者可能无法做到以身作则，因为他们特别容易受情绪的影响，当他们情绪不好的时候，有可能就会不上班，如果有员工迟到，他们可能也会给予理解和包容。无论对工作还是对员工，四号领导总是以情办事，在公司管理中，也总是能拿出非常具有特色的管理方法。他们非常敏感，能够迅速捕捉到新的商业机遇，从而以一种独特的视角为公司的长远发展谋篇布局，但与此同时，四号领导者可能会执着于自己的风格，面对他人的质疑仍坚持己见。

四号人的情绪也是变化无常的，身为领导者，上一秒做出的是这样的指示，下一秒就可能会做一个完全相反的指示，因为他们的变化无常，员工总是感觉到很难配合他们开展工作。四号领导者浪漫、热情且有慈悲心，他们会经常告知员工要把感情投入到工作当中，并且希望他们能在工作中发挥出自己的创意。在重用员工这一方面，他们也会感情用事，支持自己喜欢的人，有意回避自己不喜欢的人。

四号性格的领导也喜欢竞争和力争上游，但是与三号不同的是，四号争取成功的目的是为了让自己显得与众不同。四号喜欢追求事情的真相，对他们来说，越是难以寻求的真相越能激发他们的热情，而这也造就了他们在工作中不是成为充满探索精神的激进者，就是变成倔强而又神经质的失败者。四号领导者心情好的时候，思想和行为都比较阳光，此时他们就会比较受欢迎，如果他们一直心情郁闷，那么就会让人很难接近。当他们心情不好的时候，他们并不在乎自己说的话或者做的事是否得罪了人，他们只依照自己的心意做事。

四号自我型员工的职场作风

四号性格的员工希望自己的领导能够重视自己的独特性和艺术性，如果领导能够认可他们的创造力，并对他们区别以待，那他们会表现得更好；如果他们做错了事情，切记不要用比较性的方法进行批评。他们比较尊重领导，一般不会直接冲撞领导，如果发生冲突，他们往往会快速地逃离；但如果在重要的事情上，他们的观点没有得到认可，那么他们也会执着于自己的观点而不轻易妥协。

对于四号性格的员工来说，不管是生活还是事业都喜欢凭感觉走，他们不需要理性的思维方式，只要有感觉就可以了，感觉对的时候，他们能够把自己的能力发挥得淋漓尽致，把工作做得相当完美；但如果感觉不好，

他们就无法充分地发挥自己。此外，在给四号性格的员工安排工作的时候，一定要告诉他们做某事的意义，如果他们知道了某件事或者某种行为存在着一种特殊的意义，那么他们就会用尽全力去实现这个意义，同时也使这个意义变得更大。

另外，四号性格的员工，他们对自我感情的觉察力很强，但往往不去控制自己的情绪，而是让情感自然流露，因此总是给同事们一种心事重重、无精打采的样子。

销售技巧——如何“捕获”四号自我型客户

四号自我型客户很重视自己的第一感觉，在看到一件商品的时候，如果他们第一眼看到后有感觉，那么他们就会选择购买，如果第一眼的感觉不好，可能就不会购买。但这也并不是绝对的，如果四号性格的客户在看到商品的第一时间没有“怦然心动”，那么后续的销售环节中，作为销售员就应该主动出击。

当然，要想赢得四号性格的客户的关注，把商品推销给他们，销售员就应该让自己的言谈举止符合四号客户的心理感受，让他们从喜欢自己开始，然后逐渐喜欢自己推荐的商品。还有就是，销售员在介绍某件商品的时候，应该极力突出商品的独特性和艺术性，赋予产品特殊的含义。下面来看一个案例。

小杨是一名室内设计师。一次，经理安排他去一家文化传媒公司谈合作事宜。如果这个合作谈成，他一年都有活干了，因此他非常重视这次合作，几天前就亲手做了一个室内设计方案，希望用这个设计方案赢得客户的喜欢。与小杨谈合作的人是文化传媒公司的何经理，会面当天，何经理并没有穿得西装革履，而是一身轻松休闲的装扮。小杨与何经理见面后，就非常诚恳地递上了自己的名片，何经理仔细地看了看说道："您这名片设计得很精美呀，尤其是这个水纹，很有感觉呀。这名片的材质是不是荷兰白卡呀？"小杨只是一个做设计的，对纸张根本没有多少了解，于是就含含糊糊地说："这个不太清楚，应该是吧。"此时，何经理的眼中流露出一丝异样的表情。

其实，名片是公司的另一位设计师帮小杨设计的，小杨并不喜欢这种水纹，为了表达自己的不同见解，或许也想着显示一下自己的创意，小杨如实地说出这张名片并不是自己设计的，同时他又说了自己的想法。小杨站在理性的角度为何经理分析了自己的设计意图，比如节省成本、提高效率、尊重客户意愿等方面，小杨滔滔不绝地讲了很久，何经理却插不上一句话，后来何经理干脆不说了。当小杨说完后，何经理尴尬地点了点头，随声附和了一句"挺好的"。说完自己的名片设计方案后，小杨才言归正传，开始谈本次合作的事宜，这时小杨才把本次合作的设计方案拿出来。

当看到小杨的设计方案时，何经理的眉头不禁皱了起来，但他还是勉强地问了小杨一些问题，比如室内的天花板怎么设计、用什么样的吊灯、壁纸用什么颜色和花纹等等。针对何经理的问题，小杨都一一给予了回答，但何经理一直没有听到他想听到的"用户体验"这四个字。当小杨说完后，何经理又是微微点了点头，并没有做出太多的评价，因为在此时的何经理的意识里，小杨的设计实在是很普通，没有什么特别之处。最终，这次合作没有达成。

案例中，文化传媒公司让何经理与设计师小杨沟通，肯定是觉得何经理这人品位独特。而从何经理的穿着以及他对名片上水纹的欣赏中，我们可以大概得出何经理应该是一个四号性格的人。经验不足的小杨可能没有看出何经理是一个喜欢浪漫格调的人，所以在后来的沟通和交流中，频频令何经理失望，最终合作没有谈成，丢失很大一笔订单。

那么，在具体的销售过程中，销售员应怎样与四号自我型客户沟通呢？

销售员向四号性格的客户介绍商品的时候，一定不要急躁，要按部就班一步步来，先了解客户，培养感情，再向他们推销产品。四号性格的客户非常重视第一感觉，因此，当他们表现出对一件产品的某一个特点很有“感觉”的时候，销售员一定要顺着客户的“感觉”说下去，不要急于按照自己的思路介绍产品。

面对客户，销售员一定要有丰富的知识面，扩展自己的阅历，尤其是面对四号性格的客户的时候，更应该展示出自己博才多艺的一面，让四号性格的客户觉得其是有品位、有见识的，只有这样，重视艺术和品位的四号客户才会愿意继续与销售员交流下去。在向四号性格的客户介绍产品的时候，不要用逻辑思维和理性的观点来表达自己的看法，因为四号客户很反感这些，销售员可以学习用四号人的语言来介绍产品，销售者也可以通过对商品的了解，赋予商品一些特殊的含义，以此吸引四号客户。

在向四号客户介绍产品的时候，可以与他们说一些感性的话题，不要一味地介绍产品的技术特色，强调产品的完美和无可挑剔。在四号性格的客户看来，太完美的东西就不具有个性了，况且世界上并不存在完美的东西。此时销售员应该站在客户的角度多说一些商品的使用感受以及用户体验，这才是重视感觉的四号客户最想听到的。

婚恋关系——四号自我型人的情感密码

目标型号

四号的“夫唱妇随”型	四号自我型、六号疑惑型、八号领袖型
四号的“优势互补”型	一号完美型、三号成就型、五号理智型
四号的“动力成长”型	二号助人型、七号活跃型、九号和平型

四号性格者处理情感的方法是，寻求一个拯救者，一个了解他们、支持他们梦想的人。他们非常渴望得到爱情，特别是激情四射的爱情，这能够给他们带来非常大的满足感。但是他们在关注现实生活中的琐事的时候，就会变得很失望，那是因为理想中的爱情被现实生活中的许多琐碎给破坏了，四号性格者的敏感心思会把这些问题放大，伴侣身上的任何小毛病都

会让他们无法容忍，但一旦双方的关系变得疏离了，他们又会开始思念这种亲密感觉。对于四号性格者来说，追求快乐会让他们与内心世界阻隔，担心自己会变得和他人毫无区别，过着平庸的生活，但是不追求快乐，他们又会长时间地生活在压抑、悲观、消极的生活中。

徐志摩，近代新月派代表诗人，多情浪漫、心思细腻，对感情充满了诗意的渴望，希望能找到一个与自己心灵相惜、灵魂相通的爱人，然而由于当时的社会原因，徐志摩娶了张幼仪。如若不是家庭的原因，徐志摩肯定是不会娶在他眼中“厚厚的唇，呆呆的脸，没一点灵气，乡下土包子”的张幼仪。可能这就是所谓的第一感觉不对吧。婚后，充满浪漫情调的徐志摩始终认为两人没有共同语言，一直对张幼仪很冷漠，他们也成了婚姻中的囚徒，始终无法琴瑟和鸣。

后来，徐志摩结识了林徽因，他自认找到了生命中的真爱，开始疯狂地追求。那个时期，他的浪漫主义情怀迸发得淋漓尽致，而林徽因的出现也激发了他无限的创作灵感。但徐志摩与林徽因两个人始终若即若离，遇到林徽因，徐志摩很快乐，但也很痛苦。阴差阳错、命运弄人，直到最后他也没能与林徽因结合。其实，徐志摩追求的不是某个个体，而是他理想中的爱情，他浪漫的个性注定了他多情、悲苦的感情世界，注定了他一生为爱追寻不休的坎坷之旅。

四号性格者对婚姻的感悟是：感觉在，婚姻就在；感觉没了，婚姻也就没了。如果四号人找到知己、真爱，那么他们也会拥有幸福的婚姻生活，他们渴望得到一份“得来不易”的爱，希望与能够理解自己的感受、有浪漫情调的人在一起，在四号性格者的内心深处，他们渴望得到一个有内涵、有气质、有智慧的伴侣。

两性关系中的四号自我型人

恋爱中的四号人很真诚，不做作。对待感情，他们是快刀斩乱麻，从不拖泥带水，爱就是爱，不爱就果断离开。如果四号真心地爱着对方，那么他们会全身心地投入，奉献自己的一切都在所不惜，不会在意任何人的眼光和闲言。

四号性格者本来就非常浪漫，是有品位和格调的人，一旦拥有了甜蜜的爱情，他们的那种浪漫情调将会更加凸显出来，此时作为四号性格者的爱人，一定会更加幸福，因为四号总是能做出很多让爱人感觉到浪漫的事情。他们很有想象力，能认真地倾听爱人的诉说，当爱人伤心难过的时候，四号人总是会想出很多新奇或者有趣的点子来逗爱人开心，但有时候，四号人又会与爱人保持一定的距离，这样他们才能始终给爱人一种神秘感。

无论四号性格者是男人还是女人，他们的内心都是善良和富有同情心的，他们对于身处苦难中的人们总是能给予一定的理解和支持，与这样的四号人在一起，爱人也会在不自觉中受到温暖和善良的感化。

四号很“浪漫”，可有时却让爱人……

四号性格者容易受伤，产生悲观的情绪，而且还会深陷其中无法自拔，如果他们的伴侣是追求开心和快乐的人，那么他们将无法忍受四号性格者悲观、消极的性格。另外，他们还情绪多变，有时候很热情，有时候很冷漠，他们不会隐藏自己的情绪，而且还会肆意地宣泄，因此，他们很容易把与伴侣的生活搞得一团糟，让彼此在共同的生活中过得都不开心。

他们很注重品位，追求个人风格，希望自己能与众不同，有独特性。如果他们的伴侣是一个思想保守、很传统的人，那么他们很可能因为彼此都看不惯对方而经常产生矛盾。另外，他们很注重自我，常常沉浸在自己的世界中，从而忽视外界的感情。在婚姻中，四号性格者可能会为了自己的艺术创作而忽视对家庭的照顾，这样的做法，很可能会使婚姻走向破裂。

如何让四号自我型人更爱你

四号性格者比较情绪化，常常会给人“无病呻吟”的感觉。如果想让四号人更爱你，就做一个个性稳定的浪漫型女生或者男生吧，千万不要让自己的情绪也跟着他们的情绪起伏不定。另外，包容他们的敏感，欣赏和赞美他们的创造力。作为伴侣，如果你能做到这些，四号人会感到自己此生已经找到了知己，敏感多情的他们就会非常爱你。

四号性格者捉摸不透的性格，有时会让伴侣很受伤，但这个时候，千万不要直接打击和批评他们，要用充满爱意的方式告诉他们你的困扰。此时，他们很可能会以同样的充满爱意的方式回应你，并试着改变自己。

四号性格者很容易钻牛角尖、感情用事，有时会固执得像个孩子。因此，作为四号的伴侣，一定要鼓励他们把事情弄清楚，用爱和宽容去呵护他们。如果伴侣确实找不到可以帮助他们的方法，只需静静地陪着他们，感受他们的哀伤就行，千万不要试图去敷衍他们的情绪。

亲子教育——如何教育四号自我型孩子

正确认识四号自我型孩子

性格特征：直觉敏锐，自尊心强；温柔体贴，情感细腻；标新立异，追求独特；想象力丰富，创造力强；多愁善感，情绪化严重；压抑情感。

自身优点：感情丰富，心思细腻；富有创造力。

自身局限：敏感多疑，容易悲观消极；偏执，情绪化严重。

培养目标：追求辉煌，消除胆怯。

一般情况下，四号性格孩子的父母中肯定会有一个四号性格的。

四号自我型家长自述：我对女儿的感情世界很关注，也很敏感！我一直希望她长大后成为一个有个性、独一无二、优雅而富有才气的女孩子。我很注重自己的感受和孩子的感受，每当看到她伤心难过的时候，我不想让她过分地压抑自己，于是就鼓励她：“孩子，你想哭就哭吧，这是很正常的，妈妈陪着你！”

给家长的建议：在孩子面前，家长应该尽量保持稳定的情绪，不要让自己敏感多疑的情绪或性格影响到孩子，同时也应该教育孩子凡事朝着积极乐观的方面去思考，活在当下，多关注自己的优势以及已经拥有的事物。

激励安抚：作为四号性格孩子的家长，平时应该给予孩子更多的关心和爱护。对于学习，家长一定不要逼迫得太紧，顺其自然就好，如果逼得太紧，可能会引起他们的叛逆心理，不妨以“考试分数愈高，选择自由会愈大”来激励他们。

亲子教育法：①家长应为孩子营造出健康快乐、积极乐观的生活氛围，不要让消极情绪影响到孩子；②引导孩子关注现实，发展天赋才能，支持孩子参加作文、绘画、音乐和舞蹈等活动；③教会孩子与人交往，打破他们自我封闭的状态，鼓励他们真诚地与人沟通；④欣赏孩子与众不同的个性，发展孩子的特长；⑤告诉孩子以平常心面对一切，不要过分追求独特，做到平凡但不平庸，独特而不怪异；⑥教育孩子应正确处理自己的情绪，不可随心所欲，以免伤害到别人。

开放自我，理性看待问题

四号自我型人的最大缺点是过于感性，在与人交往的过程中，他们常常表现得过于敏感和冷漠，难以接纳他们认为“庸俗”的人。他们追求独特的自我，讨厌平凡的人和事，在言行举止、服饰打扮抑或思维模式等方面，都希望和别人不一样。他们一方面要求标新立异，一方面又想让周围人都理解自己，但也正因为他们独特、与众不同的个性，使得他们不能得到周围人的理解，进而被人孤立。那么，当四号性格者被人误解的时候，一定要学会正确认识自己、理解别人，千万不要因为别人对自己的不理解而伤心难过。

为了参加一个聚会，一位四号性格的女士决定去商店买件衣服，她逛了

整整一上午，试了好几件衣服，但感觉都不是很理想。这位女士说：“如果不能买到一件特别的、能体现出自己独特个性的衣服，就不参加聚会了。”后来，在一家店里，四号性格的女士一眼就看上了一条裙子，仅仅就看了一眼她就喜欢上了。这条裙子看起来很有气质，也十分有个性，四号性格的女士穿上这条裙子后，自身温婉柔和的气质也更加凸显了出来。

聚会当天，当她穿着新买的裙子的时候，心理上和身体上都充满了自信，仿佛一颗散发着光芒的珍珠，吸引了很多人的关注，她感到很高兴，很满足。然而，就在她沉浸在喜悦中的时候，一位男士过来了，打量了一下她说道：“咱俩的眼光还真像呀，您这条裙子很漂亮，我上周也给我老婆买了一条这样的，只是颜色不一样。”听到男士的话，四号性格的女士顿感很尴尬，聚会还没有结束，她就提前离开了。第二天，追求独特和唯一的四号女士就把这件衣服送给了别人。

四号性格者应该懂得，当别人用异样的眼光来看你的时候，一定要学会理解，不是别人不喜欢你，而是因为他们不了解你。所以，四号型人千万不要沉浸在既追求个性独特又担心别人不理解自己的矛盾情绪中，要学会开放自己，给别人机会去认识和了解你，只有这样，你才能成为别人愿意接纳的有个性的人！

四号自我型人的情绪变幻莫测，他们可能此时泪流满面，彼时又雨过天晴，很容易受悲观情绪影响并深陷其中，这种性格对自身和他人都是非常不利的，因此四号性格者应该从自我的世界里走出来，学会控制自己的情绪，理性地处理事情。同时，也要学会积极地、理性地思考问题，遇事要往好处想，尽量用理性的思维去判断，摒弃自卑和消极，建立一种乐观、自信、自强的人生观，要学会自我调节，控制情绪，少发怒，多宽怀，少流泪，多微笑。

知晓自己，看透他人——谁是四号自我型

下面是四号自我型人的一些常见表现，你可以看看身边的人是否具有以下特征：

1. 时常觉得自己和别人不同，自己是独特的；

2. 有品位，有个性，喜欢我行我素；

3. 感情丰富，思想浪漫有创意，拥有敏锐的感觉和审美的眼光；

4. 把焦点放在关系和感觉上，找到理想的伴侣对他们来说意义重大；

5. 喜欢和伴侣保持一定的距离，因为一旦双方过于亲密，就会看到彼此的不完美；

6. 不开心的时候，喜欢独自一人来处理不开心的情绪；

7. 被他人误解是一件特别痛苦的事；

8. 创造力、热情和丰富的感情对他人很有吸引力；

9. 对别人的痛苦非常同情，愿意支持和帮助在痛苦中的人；

10. 会深深地被美丽的东西所吸引，不管是人还是物；

11. 和不熟的人交往时，会表现得沉默和冷漠；

12. 对不合自己品位的人，会表现出拒人于千里之外的态度；

13. 当遭到拒绝和挫折时，会变得沉默，不愿意轻易向他人表达自己的感受；

14. 有时会感到忧郁，为遗失的美好而惆怅；

15. 时常会难为情；

16. 心中有很多梦想和理想，但有时会很难去实现；

17. 直觉很准，具有敏锐的感觉，总是凭感觉做事；

18. 特别容易被哀愁、悲剧所触动；

19. 总是觉得过去比现在好，经常喜欢缅怀逝去的事物；

20. 经常会想到死亡。

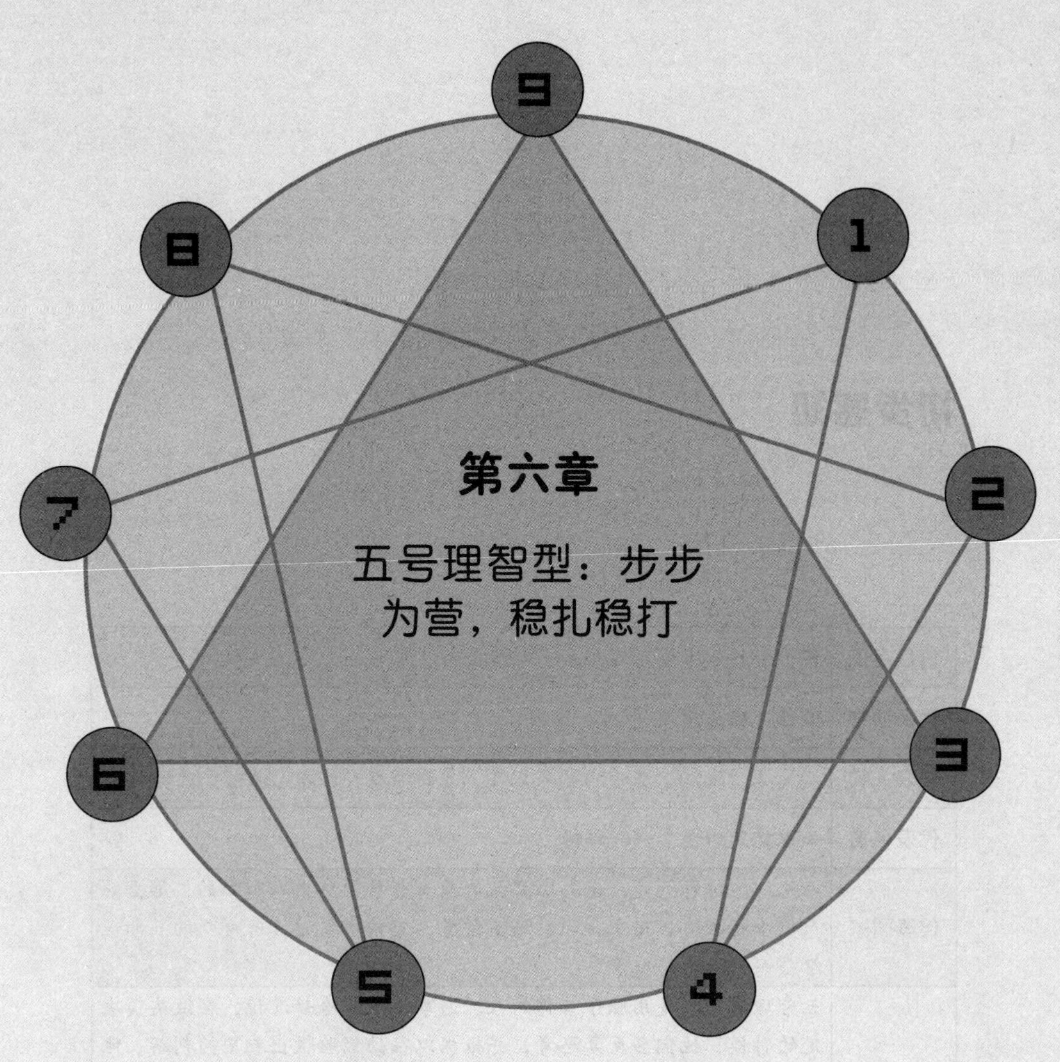

第六章

五号理智型：步步为营，稳扎稳打

初步感知

角色定位	实干者、思考者、观察者、理智型。
代表动物	狐狸、猫头鹰。
代表人物	诸葛亮、宋江、陈景润、马克思、爱因斯坦、比尔·盖茨、巴菲特。
代表名言	知识就是力量。——培根
代表国家	以色列。以色列是由世界上公认的最有智慧的犹太人建立的，那里的人们重视教育、追求知识、渴望智慧、爱读书学习，有鲜明的五号理智型人的性格特征。
主要特征	五号理智型人是用脑子工作的人，遇事不慌，冷静沉稳，在做某项决定的时候，他们会反复思考，并根据以往的经验做出相应的判断。他们爱学习和思考，最大的爱好就是积累知识，即使是娱乐的时候，脑子也在不停地转动。他们自视甚高，总是刻意地与人保持着距离，不希望被打扰。他们秉持的处世理念是：我不会麻烦你们，希望你们也别来麻烦我。

性格特征——整体认识五号理智型

五号理智型人，爱观察，爱思考，对一些理论性强的事物非常感兴趣，做事之前深思熟虑，但有时候会缺少行动力。他们不善言辞，不爱与人交往，常常生活在自己的世界中，这是典型的五号理智型。

我是从事研究工作的，一天到晚都在研究所里搞研究，每当工作的时候，我总是全身心地投入，处于一种忘我的状态。我太太每天要打电话给助理，提醒我吃饭，如果没有他们的提醒，我常常会因为太专心研究而忘记吃饭。有时候，研究室被我弄得乱七八糟，但往往我都没有注意到，即使很乱我也不爱收拾，除非有人要来见我，我才会安排助理打扫一下。

我平时不怎么看电视，尤其是对那些只知道嘻嘻哈哈、没有内容的综艺节目非常反感。我觉得那实在是没有一点“营养”。其实我也看电视，只不过我看的是《百家讲坛》《动物世界》等能教我一些东西的节目。我不善于应酬，如果让我在书房里看书没有人打扰我，我会一整天都不出去。我特别喜欢看哲学和科学类的书籍，我觉得这些书能够帮助我思考生命的意义和万事万物的道理，我认为人生最有意义的事就是读书，因为读书可以让人获取很多知识。

下面我们就来简单了解一下五号理智型人的性格特征。

理智是五号性格的典型特点。用一句话对五号性格的人做概括就是：人生的所有问题都要通过逻辑分析、理性思考来解决。五号性格者好奇心很重，希望通过不断的学习来获得更多的知识，他们最爱思考和研究问题，面对一个问题，他们会反复地思考论证，直到确定没有错误了才敢行动，所以他们非常适合从事研究性的工作。但有时候，他们由于过度地思考，行动力就会变得很弱，他们就会成为思想的巨人，行动的矮子。

五号性格者要求有足够的个人空间，拒绝被打扰，只想埋头做自己的事，不善于表达情感，不喜欢社交，只想做生活的“旁观者”。他们对物质生活要求不高，最怕自己没有知识，喜欢思考分析和学习，想凭借获取更多的知识来了解和面对周遭的事物。同时，他们也不太注重自我形象，也不喜欢打扫卫生，比如五号理智型人的代表爱因斯坦，他给我们的印象就是很多时候都留着长长的头发和胡须。

他们对待感情很理智，面部表情也常常是冷漠的，他们不知道如何去表达感情以及接受感情，常常觉得有爱就可能会受到伤害，所以他们有时候会给人很冷血的感觉。

童年生活——五号理智型性格形成

内心情感

基本恐惧	担心无知、无助和无能。
基本欲望	期望成为知识丰富、无所不能的人。
基本忧虑	如果我没有知识和能力，人们便不会喜欢我。
潜在恐惧	被人代替和控制；对身边的事物感到无知。
潜在渴望	对于天、地、事无所不知；我什么都知道，什么都能做。
潜在情绪	讨厌被打扰，只想安静地做自己的事。
世界观	希望成为某一方面的专家，成为自己世界的主人。
行为动机	渴望比他人知道得多；用自己的智慧和理论驾驭他人；冷静，机智，分析力强，好学不倦，善于思考；想要拥有独立的空间。
注意力焦点	如何才能获得更多数据和知识？
强迫性行为	强迫自己沉浸于学习或者分析中；关注数据和原则的问题。

续表

个人陋习	内向、被动；自私、贪婪；缺少感情，忽略他人；不喜交际。
性格倾向	他们自我、内向，又有点被动，常常观察身边的人和事，却很少参与，不愿投入过多的情感于外界。他们好争辩，很执着，却少有“辩输”的空间和量度。对知识的执着追求固然重要，但经验生活中所得的体会也非常可贵。

五号理智型性格形成的可能性原因——童年模式

童年时期，五号理智型人的情感世界处于不稳定的状态中。童年时期的五号性格者可能受到两种因素的影响：一种是感觉自己被父母或者生活抛弃了，没办法与命运抗争，最后只能接受，并慢慢学会了与自己的情感分离；另一种可能是心理上受到家庭方面的干扰，为了躲开这种干扰便自我封闭。

在这两种情况下，长大后的五号理智型人特别希望得到值得信赖的关爱和安全感，然而长时间爱的缺失导致他们开始学会妥协，并开始主动向内探索，思考自己的事情以代替情感的缺失。或者，他们也开始向外探索，但是会关注原则、理论等事物，他们会通过这种方式来填补自己内心的空虚感，让自己从现实世界中抽离出来，以求获得自我防卫。下面的这个陈述者是一个典型的五号性格者，他三十多岁，仍然未婚，喜欢一个人住在北京郊区的一个小房子里。他这样描述自己的童年。

很小的时候，我的父母就离异了，他们各自组建了自己的家庭。法律上，我是判给了爸爸，但实质上我是跟着爷爷一起生活，我不想去爸爸与后母组建的家庭中生活。那时候，我知道别人说我是没人要的孩子，是的，我自己也是这样认为的。为了避免小伙伴们嘲笑我，我总是独自一个人上学、放学和玩耍，我没有朋友，唯一的乐趣就是看书，偶尔还会跟爷爷下象棋。我非常喜欢看书，在书中我总能找到属于自己的快乐，因为爱看书、爱学习，所以学习成绩在班级中一直名列前茅，而这又激励着我不断地看书和学习，以求取得更加优异的成绩。

下面的这个陈述者是一个作家，她白天睡觉，晚上写作，因为她觉得只有夜深人静的时候，别人才不会打扰自己，自己也才能全身心地投入到创作之中，她一点都不喜欢应酬，因此她的朋友很少。这位女性朋友这样描述自己的童年。

我家有八个孩子，这听起来有些不可思议，可它真的存在于我的生活中。我是家里的老大，有六个妹妹，一个弟弟，弟弟是最小的，父母为了想要一个弟弟，也算是拼了命了。从我记事起，我就感觉自己并没有享受到多少母爱，我家总是接二连三地出现新的成员，后来我上学了，就更加体会不到母亲的关爱了，因为母亲的爱总是要分摊，分到我头上的时候就剩下那么一丁点了。有一段时间，我爱上了看书和写作，我希望自己能有一个独立的房间，可以不用再听到那婴儿的啼哭声。后来，我想到了一个办法——爬到屋顶，在屋顶，我终于能安安静静地做自己的事情，不受任何人的打扰了。

由于受到家庭环境的干扰，五号性格者在童年时就有了远离人群的倾向，他们不期待来自他人的任何东西，不希望被人打扰，也不希望打扰别人。久而久之，他们就把这样的独处当作是一种自我保护，他们不允许别人进入自己的世界，也不主动去迎合别人，他们觉得一切在自己的掌控中时，才有安全感。

心理咨询——五号理智型人的闪光点和不足

闪光点：头脑冷静，思路清晰；善于思考，有学者范；关注内涵，不重物质；处变不惊，坚持做自己，不受他人影响；理性，不感情用事。

五号性格的人天生就爱思考，追求丰富、深刻的知识，越是难度大的事情或者问题，他们越是喜欢钻研和解决，他们爱谈论一些理论性的问题，很可能是知识丰富的大学者。比尔·盖茨是五号性格人中很有代表性的一个，他从小就酷爱读书和思考，读的书一般都是科学性和哲理性非常强的，他最喜欢的一本书是《世界大百科全书》。每当他拿着一本书看的时候，任何人都不能去打扰他，即使是最好的玩伴也不可以。除了读书，比尔·盖茨还善于思考。有一次，他准备和父母一起出去，可是快到出发的时刻了他还没有下楼，他的母亲在楼下叫他，他却说："我在思考问题啊……"

在中学读书的时候，比尔·盖茨最大的爱好就是独自坐在电脑前，彻夜不眠地编写程序。据说，为了做某件事情，他可以三天三夜不睡觉，即使这样，他仍可以保持清醒的头脑开展工作。由于比尔·盖茨喜欢分析和研究问题，所以他总能预见到未来发生的一些事情，1975 年，只有 19 岁的比尔·盖茨就已经预测到软件的时代会到来。而如今，互联网的急速发展已经印证了他的预言，而这准确的预言则是因为他长期读书、观察、分析和研究得出来的，他的成功不正得益于他孜孜不倦的求知吗?

五号性格者喜欢读书，善于思考，是需要用脑子生活和工作的人，他们常常沉迷于思考和分析之中乐此不疲，如果要他们停下来休息一下，他们还是会看一些富含哲理的书籍或电视节目，而对于那些肤浅的书籍和电视节目，他们不屑一看，认为是在浪费时间。他们对什么都爱探个究竟，比如，在听讲座的时候，他们总是会上网查看讲课老师的个人履历，他们总爱带着疑问生活，认为周围的事物都包含着知识，他们害怕自己变得无知和无能，因为有这种想法，他们不断地学习和探索，不断地提升自己。另外，五号性格者做事情很有主见，且具有较强的专注力，当他们做一件事的时候，决不允许有人去打扰他们，除非他们能够把事情圆满完成。他们身上有着一股执着的精神，这种精神很可能使他们在某个领域做出一番成就。

我平时不喜欢买衣服，很多衣服都是太太帮我买的，有时候太太给我买的衣服，我还会让她退回去，因为我觉得，首先我不缺少衣服，买衣服纯属浪费，其次，衣服的性价比太低，不合适，因为买衣服的事情，我与太太产生过很多摩擦。就拿我脚上的这双鞋来说吧，这是一双老人穿的鞋，太太不让我穿总是把它藏起来，可我觉得这鞋穿上很舒服，所以每次总要翻箱倒柜把它找出来。

五号性格者非常看重知识和理论，很少去关心财富和物质享受，他们认为只要有足够的钱够自己生活和做研究就可以了，这样的想法，可以使他们专注于做科研，成为非常优秀的科研人员。五号人非常理性，无论是思考问题还是做事情，总是能做到有理有据。在做某件事情之前，他们会提前规划，设法收集有关的信息并提前预演一番，看看具体实施的过程中会出现什么问题，然后找出解决的方法，从而避免在真正实施的过程中发生不可挽回的局面。

不足：内向、吝啬、自私；缺乏行动力；性格孤僻，不善交往；过分重视理论知识，缺乏创新精神。

情人节快到了，女孩让五号性格的男朋友送自己一份礼物，但五号性格的男朋友思来想去都不知道送什么，毕竟他平时最愁的就是送礼物，这真的不是他擅长的事情，他最喜欢做的事是坐在电脑前敲代码。后来，五号性格的男友就告诉女孩："这次就不买了，下个月你过生日，一起买吧，这样还可以省钱，到时候还可以送你一个更大的surprise。"女孩有点不高兴地回答道："你就是一个小气鬼。"

五号性格者有点吝啬，这种吝啬不仅体现在金钱上，还体现在时间和精力上，他们总是觉得应该把自己的时间和精力用在学习知识、思考事情和解决问题上，对于不能提高自己的知识储备抑或别人的事情一点儿都不感兴趣，因此他们的人际关系较差。面对一个问题，五号性格者也总要深究根本，通过一切方法查找知识点以求更好地解决问题。他们学习知识的初衷是好的，但有时不正确地学习也会使他们变成"思想的巨人，行动的矮子"。他们缺乏行动力，常常需要别人具体告诉他们该做什么不该做什么。

我的姐夫就是具有五号性格特质的人。有一次，他和姐姐一起在厨房做饭，姐姐一会儿要切菜，一会儿要炒菜，一不小心就把旁边放的醋瓶、酱油瓶和盐都弄倒了，姐姐忙着炒菜，就让站在旁边的姐夫把盐递过来，姐夫也真听话，姐姐让他拿盐他就拿盐，他把盐拿给姐姐后又安静地站在姐姐旁边。姐姐说："那两个瓶子倒了，你不知道扶好吗？"姐夫一脸无辜地说："你又没有让我把它们扶起来。"此时，姐姐已是无语。

五号性格者很喜欢思考和分析，常常会在思考问题的时候想得很多，以致使自己陷入预设的困境中无法自拔。这种沉迷于自我之中的行为使得他们对外界的一切，尤其是人际关系失去兴趣，长此以往，他们就会变得情绪冷漠、性格僵化。

沟通技巧——如何与五号理智型人和谐相处

知人先知面

身体语言	身形挺直；双手交叉于胸前，防守式的姿势；上身后倾，跷腿。
谈话方式	分析论证多，条理分明；就事论事；语气、语调平板，不带感情色彩。
面部表情	淡定，不苟言笑，没有丰富和夸张的表情，但思考问题时会有专注表情。
常用词汇	由此可见、我的想法是、依我看、我的意见是等。
外貌特征	书生、学者样；很可能戴着眼镜；较少胖人。
着装特征	大众化、朴素、简单；不在意服装款式；不喜欢更换服装。

胡依然是化妆品生产厂的检测员，性格内敛，很少与同事交流，总是喜欢埋头做自己的事，时间一长，同事们都疏远了她。后来她被调到了化

妆品包装部上班，临走的时候，与她相处得还算可以的一个同事说："你平时多和大家沟通沟通，不要总是想着做自己的事情。"胡依然知道，同事这样说是为了自己好，不过她还是笑了笑说："距离产生美，还是保持一定的距离好。"

在化妆品包装部，胡依然依然保持着严谨、细致和认真的工作作风。有一天，她在抽查工人包装入库的化妆品的时候，发现化妆品盒上的成分标明有误，于是立刻让工人停止了包装工作，接着又赶紧组织工人重新制作包装盒并打包入库。对于这件事，胡依然没有立刻把事情汇报给上面的领导，而是自己在私底下解决了，领导知道后并没有因胡依然及时解决了问题而高兴，反而因她没有及时上报而有点恼火。三天后，胡依然拿着一份详细的质检报告来到了领导的办公室，质检报告上详细地写明了出现的问题以及改进的建议和具体措施，还有措施具体实施过程中可能出现的问题以及解决方法。领导看着这份条理清晰、有理有据的报告的时候，脸上不禁露出了满意的笑容。

在与人交往的时候，五号性格者从来不会主动亲近他人，而且当别人主动去亲近他们的时候，他们还会表现出一定的抵触心理，他们害怕过多地与人接触会浪费自己的时间和精力，所以在与五号性格者沟通的时候，一定不要拐弯抹角，要真诚而直接，否则五号性格者会觉得你在浪费他们的时间。与五号性格的人交往的时候，一定要主动与他们沟通，表现出希望和他们做朋友的态度，而且态度一定要真诚，真诚地与五号性格者沟通，可以消除他们的紧张和焦虑，当然在沟通的时候，也一定要尊重他们，因为五号性格的人也是十分敏感的。

五号性格的人具有丰富的知识储备，不喜欢无知、无能的人。可有时候，五号人沉默的性格又会使周围的人无法发现他们的真才实干，而他们也会有"千里马遇不到伯乐"的忧伤。如果与五号性格者交往，一定要表现出自己的真才实干，同时也要看到五号人身上的优点，帮助他们发现自己的长处，给他们更多展示的机会。五号理智型人与二号助人型人不一样，他们不喜欢过多的肢体接触，因此交往的时候一定要保持一定的距离，而且五号性格者也不喜欢别人过多依赖自己，与其交往的时候最好保持一定的独立性。

五号性格者不会浪费自己的时间和精力，所以他们常常是深思熟虑后才会行动。那么，作为五号性格者的朋友一定要耐心等待，给他们足够的时间去做计划，这样他们才能有条不紊地开展后续的工作。

温馨提示：

五号喜欢的：保持一定的距离，不要太亲密；真诚地赞美他们的学识；爱学习、有知识和阅历的人；理解和尊重他们的人……

五号厌恶的：没有知识和底蕴、说话没有条理；溜须拍马，阿谀奉承，过分热情的人；不尊重别人私生活的人；强迫他们做不喜欢的事情的人……

职业发展——五号理智型人职场认知

职业规划

适合的工作	心理咨询师、研究员、作家、侦探、程序设计师等。
不适合的工作	公关、营销类，培训或人事方面的工作。
适合的环境	独立性的、有足够的时间去思考及分析；理论性和逻辑性非常强的工作环境。
不适合的环境	竞争激烈、管理性强，需要人际交往和应酬的工作环境。
工作状态	五号理智型人在工作上很卖力，专注于研究，敢于革新，一般不会做建设性的工作，而是让别人去做。为了获得自己想要的自由或私人空间，他们会努力地工作，在时间问题上，如果他人或事与自己的工作发生冲突，他们通常会先为自己的工作考虑，在工作中，他们希望做有把握的事情。

齐阳是一个典型的五号性格的领导，他做事严谨细致，知识丰富，能力超强，每月都能获得不错的销售业绩。但是，作为一个部门领导，齐阳却不太称职，因为他不能带领着整个团队取得成功，他的成功仅限于个人的成功，在公司每月举行的销售评比中，齐阳总是得奖，而他的那个团队却只能看着别的团队拿奖。

渐渐地，齐阳的下属都想要辞职，他们宁愿调到差点的部门也不愿在齐阳的部门做事。经过一番了解，公司的管理层才知道是齐阳的管理出了问题，可是管理层又觉得齐阳是个不可多得的人才，不想辞掉他。后来，齐阳的下属反映，其实，齐阳的知识面很广，办事能力也很强，是一个很好的销售人员，可是作为领导他确实不太称职。齐阳的下属说："他总是不尊重大家的意见，总是自以为是地把我们递交的报告修改或者重写，他也不主动和我们沟通出现的问题，而且他总是忙自己的工作，从来不会帮助我们做职业规划……"

五号理智型人性格内向，不善于社交，所以他们在职场中总是不能很好地表现自己，尤其是在竞争压力大的销售行业做领导，五号人更是不能从容应对。如果五号人在职场中做了领导者，那么更应该注意与人合作，不要独揽大权，应该注意把责任分担到团队成员的肩上，让他们也有更多的机会获得成长。同时，五号人还要明白，当你身处高位时所代表的是一个团体的利益，必须要从团队成员的感受出发，而不仅是满足个人所求，当团队成员发表意见时应该聚精会神地倾听，而不是独自思考个人的观点，这不仅能开阔自身的思维，也能成为一个受人尊敬的好领导。

五号理智型领导的职场作风

五号性格的领导有学者风范，公正客观，不会感情用事。他们非常理智，凡事都希望用数据说话，比较看重数字报告和科学分析，所以千万不要在他们面前说一些没头没尾的话，也不要试图通过套近乎获得他们的提携，他们看重的是一个人的知识和能力，不喜欢无知无能又不求上进的员工。他们通常是某个领域的专家、研究者和技术人员，会探究工作内容背后的规律，而这种做法可以使五号领导者能更深入地看待问题或工作，成为出色的领导。

五号领导喜欢在幕后指挥，不太愿意站到台前指挥，即使在开会的时候，他们也不愿意直接说出自己的想法，但如果情况紧急，他们也会以合适的姿态、恰当的着装、得体的语言站出来进行指挥，而此时的他们表现得会很外向。五号领导一般不会轻易做决定，一旦做出决定就表明他们已经深思熟虑过了，所以一般也不会轻易改变自己做出的决定。工作中如果你遇到了一个五号性格的领导，你是荣幸的，同时也是不幸的。因为五号是冷静客观的领导，他们总能客观地评价你的工作，不会因为你和他闹过别扭就将你打上“顽劣”的标签，但同时他们也不会接受你的阿谀奉承。

在职场上，不管是身处基层还是领导层，五号人总是会表现出特有的“独立性”。他们比较有城府，自视甚高，让人猜不透，总喜欢一个人研究问题，不善于表达自己的感情，有时候会让人错误地感觉很难沟通。

五号理智型员工的职场作风

五号性格的员工具有较强的独立思考能力，习惯按照职责以及职位层级的本分开展工作，不会出现越级的情况，对于已经承担的工作也一定会负责到底，同时他们会将同事和朋友进行有效划分，与同事交流时绝不说私生活方面的事情。他们不喜欢受人约束，需要有自己的独立空间，比如独立的办公室、办公桌或者私人电话，他们不喜欢被人打扰，如果被打扰他们的工作效率是非常低的。

五号性格的员工正直、理性，不擅长甜言蜜语，不会刻意讨好领导，哪怕对方是掌握他职场命运的人，他们往往也只是微微一笑，不会说太多讨好的语言。他们也不喜欢被领导命令着、催促着做事情，尤其厌烦听到“你要这么做”“你要赶快行动”这样的命令，如果他们准备充足会立即行动的，不需要任何人的催促。

理智型的五号员工应该试着表现自己，与同事进行沟通和交流，试着和身边的人交流情感、需求和计划。同时，五号性格的员工在职场应该学会倾听别人的想法，不要一味地按照自己的思维行事，这不仅是对他人的尊重，也是对自己的尊重。

销售技巧——如何“捕获”五号理智型客户

在某护肤品的柜台前，一个三十多岁的年轻女士正在仔细地挑选护肤品，她穿着朴素，戴着一副宽边眼镜，算不上漂亮却自带一股书卷气。乔琳是这个柜台化妆品的销售人员，当年轻女士在柜台前仔细挑选护肤品的时候，乔琳并没有立刻上前去介绍产品，而是选择在一旁默默观察，这是乔琳一贯的做法。

大概过了五六分钟，乔琳看见年轻女士在寻找销售人员，她这才满脸笑意地走到了年轻女士的身边。年轻女士让乔琳把玻璃柜台里面的另一款护肤品拿出来，她想两者对比一下，看一看成分和含量，于是乔琳就把柜台里的那款护肤品拿给了她，年轻女士一手拿一款护肤品，然后很有研究地说出了两款产品的各自特点、性价比以及适合肤质。年轻女士刚说完，乔琳崇拜地说：“没想到您对这两款产品都这么了解啊，那您觉得哪一款比较适合油性皮肤呢？”于是，年轻女士就详细地向乔琳分析了哪款护肤品更适合油性皮肤。在年轻女士表达自己意见的时候，乔琳满脸微笑，一直称赞年轻女士说得很准确，并说年轻女士对护肤品很有研究。

这时，年轻女士已经坐在了柜台前面的转椅上，好像也放松了戒备，此时的乔琳拿出护肤品的说明书比对着，非常认真地向年轻女士介绍着这两款护肤品的含量、营养成分、浓度、香精含量等。这时，年轻女士却说，自己一直使用的是另一款护肤品，对于手中的这两款护肤品都只是了解，还没有使用过。乔琳听到这话并没有像有些销售员那样，借机说别的产品不好什么的，她首先肯定了年轻女士一直使用的护肤品的优势，同时又很诚恳地说出了目前这款护肤品的优缺点，在说这些的时候乔琳条理分明、逻辑清晰，没有丝毫的夸张或弄虚作假。最后，年轻女士买下了这套护肤品，因为她相信自己的选择，同时乔琳对产品的介绍也确实让她信服了。

案例中的年轻女士便是五号理智型人，五号理智型人一般都有较高的知识涵养，对各个方面的知识都有一定的了解，像一本“百科全书”，拥有着清晰理智的头脑，凡事都有自己独到的见解。在具体的销售环节中，初次见到五号理智型人，销售员一定不要“急于求成”，一开始就向他们推销产品，应该给予他们一定的思考空间，等他们思考清楚的时候再靠近，否则只会引起他们的反感。

那么，在具体的销售过程中，销售员应怎样与五号理智型客户沟通呢？

五号性格的人知识丰富，喜欢研究，在决定购买某件产品之前肯定会先调查了解一番。因此，面对五号性格的客户的时候，销售人员应肯定他们的知识和涵养，同时可以向他们提一些有关产品的问题，这不仅能满足五号人的自尊心，还能通过这种提问更多地了解他们的内在需求。五号性格的客户是理性的，他们不太重视感性的东西，所以销售员千万不要想着通过打感情牌来让五号人购买产品，谈感情只会让他们觉得你在浪费他们的时间。在具体介绍一款产品的时候，可以通过实物对比的方法进行介绍；

在介绍的时候，一定要做到条理清晰、有理有据，最好用数字来体现产品的各种特点，在说明数字和事实的时候，销售员一定要尊重事实，客观公正，切不可胡编乱造，主观臆断。

五号性格的客户重视理论，讲究原则，对没有职业道德的销售员是非常讨厌的，他们最不喜欢的就是弄虚作假，因此在面对五号性格的客户的时候，销售员一定不要想着通过贬低别的产品来抬高自己的产品，这是五号性格的客户非常不喜欢的。

婚恋关系——五号理智型人的情感密码

目标型号

五号的“夫唱妇随”型	一号完美型、三号成就型、五号理智型
五号的“优势互补”型	二号助人型、七号活跃型、九号和平型
五号的“动力成长”型	四号自我型、六号疑惑型、八号领袖型

郭超阳是某实验室的科员，三十多岁，单身。其实，他也经历过两段感情，只是谈到最后都不了了之。他曾说：“恋爱的最初都是甜蜜的，可是不知道为什么，发展到最后的时候，就有种快要窒息的感觉。有时候，我真希望彼此都能保持一定的距离才好，可是当爱情发展到一定程度的时候，彼此都要融进对方的生活中，这真让我受不了。”

与郭超阳分开的几个女朋友都是因为受不了他“宅男”的特质，比如他总是在星期日的时候把自己关在房间里一整天都不出门，看一些枯燥乏味、晦涩难懂的书或电影。女孩子都喜欢逛街、拍照，可他总是不愿意陪女朋友做这些事，时间一长女友当然会离他而去。郭超阳的知识面很广，对什么都懂一点，而且特别有才气，可是在爱情面前却显得很木讷，一点儿都不善表达，即使是深爱的女友提出分手，他也不知道怎么挽留。对于几任女友的离开，郭超阳觉得，她们喜欢逛街、拍照，而自己喜欢读书、宅在家里，为了让大家都能愉快地生活，分手就分手吧，不必挽留什么。郭超阳就是这样一个理性的人，不愿意因为别人而影响自己的生活，同时也不愿意主动进入别人的生活。

五号性格者是理智的高人，情感的矮子，在感情的世界里他们是冷静而理智的，总爱用脑子去想事情，但他们并不是“冷血动物”，只是不习惯表达自己罢了。他们也渴望获得爱情，只是害怕改变，害怕彼此融入对方生活中后所需要做出的一系列调适。

两性关系中的五号理智型人

在恋爱或婚姻关系中，五号性格的人要求不多，不会给对方太多的压力，他们非常独立，能给对方更多的空间和时间，不会控制和约束伴侣。对待感情，他们会显得很木讷，有时候会对伴侣很冷漠，其实他们只是不想让伴侣过多地介入他们的私密空间，他们害怕强烈的情感会让他们陷入慌乱不堪的境地。此外，他们聪明有智慧，知识丰富，总是能通过理性的分析帮助伴侣解决难题，是有思想、有深度又忠诚可靠的人，他们身上闪耀着智慧的光芒，这点让伴侣非常喜欢。

婚恋关系中的五号人总是能给伴侣带来正能量，他们喜欢学习，有学识，有见地，对周围的一切都充满了好奇心，当他们对某件事情或东西感兴趣的时候，一定会拼尽全力把它们弄懂，这种求真务实的精神会感染伴侣，带动伴侣一起进步。五号性格者很难开始一段感情，但一旦开始，就会全心全意地投入，他们不喜欢让自己陷入感情纠葛中，也不相信直觉，所以很少对别人一见钟情。他们也会像浪漫的四号人那样和朋友共进晚餐，但绝不会像四号那样向对方诗意地表达自己，他们的爱情很实在。

跟五号性格的人谈恋爱是件很辛苦的事情，因为他们总是在分析、权衡，他们重视结果，认为没有结果的付出就是浪费，同时他们也重视婚姻关系中的物质基础，讲究门当户对，为爱义无反顾、不惜一切，绝对不是五号性格者的作风。五号性格者重视感情的结果，却不懂得经营爱情的过程，他们靠头脑生活，对感情的依赖不大，因此五号人一般都主张晚婚，极端的五号甚至坚持不婚，因为感情能给他们的太少，而向他们索要的会更多。

如果你想和一个五号性格的人建立感情，你必须成为主动的一方，在相处中既不要苛求他们奉献出自己的热情，也不要对他们的冷漠横加指责，他们不是没有感情，只是习惯了旁观者的角色。

五号理智型人很“理智”，可有时却让爱人……

五号性格者不愿主动说起自己的工作或者私事，这会让伴侣感觉到彼此不能真正地走进对方的心里面，而这样的关系也会使得你们没有一般的恋人那样亲密，如果五号性格人的伴侣非常注重亲密无间的感觉，那么彼此间就会产生很多矛盾。五号性格者有时喜欢独自一人待着，做自己的事情，不喜欢别人打扰，而他们这样的做法有时会让伴侣觉得很无聊，无法理解他们那种自我的做法，会有种被忽视的感觉。如果伴侣很喜欢热闹，那么肯定会受不了五号性格者的沉闷和无聊。

五号性格者总是想得多干得少，有时还会沉浸在不切实际的幻想中，这会使爱人无法理解，如果此时的五号性格者是个男人，那么他们的女朋友或妻子就会很没安全感，有种对未来生活找不到希望的感觉。对于伴侣的愤怒和不理智，五号性格者会表现出无视和冷漠，因为他们最讨厌的就是没有理智。如果自己的伴侣正在因为彼此间的矛盾发脾气，五号性格者就会选择逃离，而他们的这种做法则会深深地伤害到伴侣，让伴侣觉得自己不被理解、包容和呵护。

如何让五号理智型人更爱你

五号性格的人需要更多的时间和空间来思考自己的问题，因此作为他们的伴侣一定要给足他们时间和空间，让他们可以思考问题和做自己的事情，千万不要逼迫着他们做事情或者做决定，这是五号性格者最讨厌的。

五号性格者知识丰富，非常理性，但面对爱情的时候却显得迟钝和木讷，作为他们的伴侣一定要主动表达爱意。当然，五号性格者的伴侣也要注重学习，扩展知识面，成为一个有思想、有知识的人，如此才能跟上五号性格者的步伐。另外，五号性格者总是有自己的看法和见解，作为伴侣的你如果遇到什么问题，也可以适时地请教他们，重视他们给出的建议但千万不要过度依赖他们的建议，他们更希望自己的另一半也是一个独立自主、有知识、会思考的人。

亲子教育——如何教育五号理智型孩子

正确认识五号理智型孩子

性格特征：爱思考，求知欲强，喜欢分析和研究；喜欢自己动手做事，少依赖；欲望不多；对自己的知识面及敏锐抱着优越感；不合群、内向、不善表达自己；有点孤傲。

自身优点：善于思考，理智冷静，热爱知识。

自身局限：行动力弱，感知能力差，不善交际。

培养目标：缜密思考，强化行动力。

一般情况下，五号性格孩子的父母中肯定会有一个五号性格的。

五号理智型家长自述：平时的时候，除了上班，我大部分时间都用在了看书上面，我非常喜欢看书和思考，不喜欢与左邻右舍聊家常，过年的时候大家都聚在一起打牌，我觉得那就是在浪费生命。每当孩子对我撒娇和情绪化的时候，我就很痛苦！我也很少去参加同学聚会，就连孩子的家长会或者学校举办的活动，我也很少参加。

给家长的建议：在家庭生活中，家长应该经常表达自己的情感，尤其应该学会爱的表达，经常向爱人或孩子表达自己的爱是有必要的，这不仅能培养和谐幸福的家庭关系，同时也能在潜移默化中影响到孩子，使孩子成为一个温柔善良，有爱且会表达爱的人。

激励安抚：五号性格的孩子本身就是非常喜欢学习的，因此，作为家长不需要再向他们说太多的激励话语，只需拍拍他们的肩膀，给他们安定的力量就够了。

亲子教育法：①鼓励孩子把心中的想法付诸行动，大胆做事，提高行动力；②重视孩子的思想和意识，帮助孩子宣泄情感；③鼓励孩子多参加一些课外活动，培养他们主动与人交往的能力和意识；④家长应给予他们独立的空间去思考和处理自己的问题，尊重他们的决定；⑤接纳孩子的一切，不要给他们太多的压力。

思考很重要，行动更重要

阿里巴巴创始人马云曾说过："很多年轻人是晚上想想千条路，早上起来走原路。而中国人的创业，不是因为你有出色的理想、梦想、想法，而是你是不是愿意为此付出一切代价，全力以赴地去做它，一直到证明它是对的。"我想，用这句话来说明五号性格的人应该是很合适的。

五号性格的人理智、冷静、善于思考，做什么都非常专注，工作起来也特别迷人。然而相处时间久了你会发现，他们总是想得多做得少，总是爱沉浸在自己无边无际的思考之中，无法将具体的想法或措施落到实处。曾经听一位在企业内做高管的朋友这样说自己部门下面的一个经理：他是一个非常聪明或者说博学多识的人，他有智慧但不太爱表现自己，做事也是脚踏实地不张扬的，每当各个部门的领导坐在一起开会的时候，他总是话最少的那个人，虽然话语不多，但每次说话总有理有据，而且思路特别清晰，好像早已知道了这个话题一样。他的知识面很广，可他给大家留下的最深印象是胆小，他对什么都有想法，有自己独到的见解，可是却总不能将自己的想法付诸行动，有种前怕狼后怕虎的感觉。每次开会，他也能提出不少不错的建议，可是每当说到具体实施的时候，他又不作声了。

记得有一次，公司让每位员工都提出一套具体可行的绩效管理制度出来，员工们都积极踊跃地参加，而且提出了很多不错的方案。当我们向他负责的部门要方案的时候，他却没有拿出来，考虑到他是一名领导，我们在会议上没有给予其太多的批评。后来，据他部门的人反映，其实大家都提出了很多方案，可到了他那里，经过他的分析和思考后，认为都是行不通的。比如，他总是会说“如果员工们不相信这套制度的公正性怎么办”“这套方案有点复杂，无法具体落实，你再细细想想”“如果实施后，奖励不公平怎么办”等问题，以致到后来没有一个方案通过，使得在那次公司会议上，他领导的部门没有拿出一个方案。

五号理智型人就是这样，他们好像总是在思考，而且越思考问题越多，最后面对一连串的问题，就变得胆小、畏缩、不敢前进。其实，五号性格的理智型人是非常有才华的，而且做事前也善于谋划和布局，他们很有思想，很适合做领导，但他们性格中胆怯的一面，又使得他们好像不能成为一个大刀阔斧的领导者，如果能够试着走出自己封闭的小圈子，多多地与人接触，把自己心中的想法勇敢地付诸实践，不害怕失败，大胆去尝试，那么五号性格的人一定可以成为优秀的领导者。

知晓自己，看透他人——谁是五号理智型

下面是五号理智型人的一些常见表现，你可以看看身边的人是否具有以下特征：

1. 不善于说好听的话，通常情况下，让人感觉冷冷的；
2. 喜欢独自制订计划、实施计划；
3. 喜欢一个人分析思考并探寻生命的价值；
4. 喜欢学习知识，分析问题，进而了解这个未知的世界；
5. 一般不喜欢社交；
6. 在公众场合会感觉不自在；
7. 态度冷静，思路清晰；
8. 不爱麻烦他人，不想欠人情；

9. 认为解决问题最好的方法是冷静思考，理智分析；

10. 自己难以做决定；

11. 发生问题时，倾向于自己解决；

12. 对时间及金钱很吝啬；

13. 喜欢在学识方面被欣赏；

14. 有时希望自己更精通社交；

15. 讨厌别人进入自己的私生活中，十分注重隐私保护；

16. 总是控制情感，善于理性有序地去处理问题；

17. 迫切地想让自己比别人懂得多，希望运用自己的智慧和理论去驾驭他人；

18. 想法很多，但总是无法付诸具体的行动；

19. 希望了解事情的来龙去脉，而非一知半解；

20. 有比较强的理解力和好奇心，是一个爱分析且善于洞察的人。

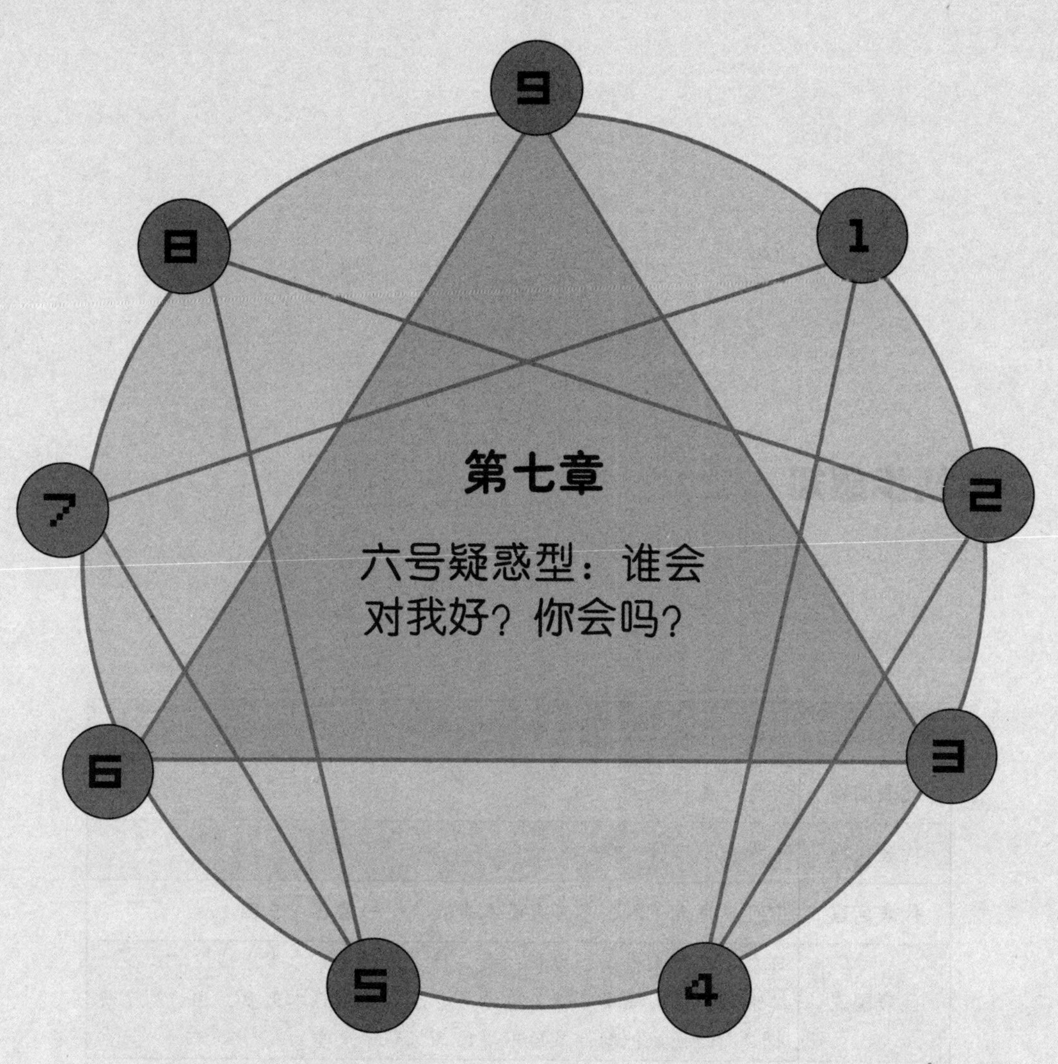

第七章

六号疑惑型：谁会对我好？你会吗？

初步感知

角色定位	忠诚、谨小慎微，发问者、怀疑论者。
代表动物	野兔、鹿、猎犬。
代表人物	曹操、小布什。
代表名言	宁可我负天下人，不可天下人负我。——曹操（三国）
代表国家	日本。日本人崇尚和维护权威，对自己的国家非常忠诚。“二战”结束时，美国陆军参谋长麦克阿瑟想要废除日本天皇，但遭到了日本国民的强烈抵制，最后不得已又保留了天皇。
主要特征	六号疑惑型人不迷信，不信任权威的存在，但又渴望寻找到一个值得信赖的权威，他们对任何事情都以怀疑的眼光来审视，自视甚高，但有同情心，愿意为弱者的事情仗义出手。他们常常没有安全感，一生都在努力寻找安全感。

性格特征——整体认识六号疑惑型

六号性格者通常是忠诚、勤奋的，他们想象力丰富，有很强的责任感。在团队中，他们会努力为“自己人”争取利益，为那些被践踏和受到不公平对待的人们代言，有很强的团队合作精神。但有时候，他们也会表现得胆小、悲观、不自信，以至于无论做什么事，最先想到的都是糟糕的结果。他们做事小心谨慎以免犯错，一旦做错事，就会马上怀疑自己，从而变得更加胆小怕事，畏缩不前。他们极度缺乏安全感，很容易感到不安和焦虑，所以常常会向外寻求依赖。

在九型人格中，每一个型号的人都只有一种性格，只有六号是具有双重性格的，可以分为正六和反六。正六，也称为恐惧型的六号，其行为表现是害怕、胆小和忠诚；反六，也称为反恐惧型的六号，他们的行为表现是挑战权威、大胆指责、直接对抗。

现在我们来看一个案例，来自一名餐厅服务员的陈述：我的性格很古怪，不喜欢与不熟悉的人一起工作，当然，我也很难与一个人建立亲密的关系，除非我们彼此认识了很长时间，否则我总是感觉别人好像对我有什么企图一样，我知道有时候是我想太多，但我总会担心自己考虑不周而吃亏。我现在在一家五星级饭店做服务员，每当我忙着收拾客人们留下的东西的时候，总是会感觉有人在某个地方盯着我，让我觉得很不舒服，而让我最无法忍受的是当我推着车子在各个餐桌之间走动的时候，客人却在那有说有笑，我很想知道他们是不是在议论我。有时候，客人会让我帮忙倒水，当我倒完水离开他们的餐桌后，他们会继续谈话，我不知道他们在说什么，但总感觉他们好像在说跟我有关的事情，有时我也知道他们谈论的是他们自己的事情，可我总会偏执地认为他们在议论我，而这个时候，我总是不能很好地工作。

案例中的服务员是典型的正六性格的人，也就是恐惧型的六号，他总是以一个旁观者的态度表现出恐惧的姿态，但从不正视自己的恐惧，也不愿意主动去克服这种恐惧，而是沉浸在这种莫名其妙的感觉中继续恐惧。如果这个服务员是反六性格的人，也就是反恐惧型的六号人，他可能就会主动出击，找机会与客人进行沟通和交流，了解他们的想法，通过让对方喜欢自己，或者直接告诉客人，不要再做这样的事情，以此种反抗来消除自己内心的恐惧。简单来说，正六性格的人什么都害怕，出去旅游怕浪费时间和金钱，不出去旅游又怕无聊；而反六性格的人则是越害怕什么越要对抗什么，有时候甚至会先挑起战斗。美国联邦调查局探员戈登·利迪就是典型的反恐惧型六号人，他曾透露说，为了克服对老鼠的恐惧，他曾强迫自己吃掉一只老鼠。

其实，不管是恐惧型的六号还是反恐惧型的六号，他们的性格归根结底都是一样的，都是害怕和疑心重。在上课的过程中，我就遇到过一个典型的六号性格的人，那天这位学员说：“感觉自己是六号性格，又感觉是五号性格，不能确定自己到底属于九型人格中的哪一类型。”我说：“如果方便的话，请让我看看你的背包。”经过他同意，我打开了他的背包，而就是这个没有生命的背包证明了他是一个名副其实的六号性格者，那个双肩包着实让我震惊了，天哪，那么大容量的背包，简直是一个“百宝箱”。我一个个地拿出他背包里的东西：一个笔记本电脑、十张银行卡、两把钥匙、插线板、鼠标垫、鼠标（两个）、多条数据线、擦桌子的布等，最重要的是他竟然还带了一个针线包……当时，我和现场的人都惊呆了，大家争着问他：“就是出来听一次课，用得着带这么多的东西吗？”这位朋友说：“我担心万一在什么时候就会用到它们，所以就都带在身上了。”

这就是六号疑惑型人，他们做什么事情都有一万个“万一”在后面等着，所以他们很多时候都会表现为担心过度、胆小怕事、畏畏缩缩，而这种性格进一步演变就会使他们做什么事情都拖延和推迟，不能高效地完成一项工作，因为害怕，他们甚至还会放弃做一些事情。下面我们就来简单了解一下六号疑惑型人的性格特征。

六号性格者胆小怕事，最怕做错事，因此他们很少能做团队中的老大，而现实生活中，很多六号性格者也确实都成了团队中的老二。他们的性格也决定了他们非常崇拜权威，在团队中能够表现出非常高的忠诚度，比如很多六号性格的人在一个公司一干就是一二十年。当六号性格者到一个新的环境中时，总是会把周围的环境观察一番，看看是否有隐患存在，如果他们看到一点点的问题，就会发挥自己强大的想象力，把危险的场面呈现在脑海中，从而加深恐惧的心理，因此他们去到一个陌生的地方，总是会不自觉地先找安全出口。

当六号性格者对周围的一切充满怀疑、感到恐惧的时候，他们的思绪就会一直沉浸在恐惧和忧虑当中，无法真正沉下心来做一件事情，也就无法获得真正的成功和快乐。面对不公正的权威和压迫的时候，六号性格的人会站起来反抗，但面对正义的权威的时候，他们又会表现出非常顺从的一面，会成为正义权威后面的坚强拥护者，是非常忠诚的人，而这种双重性格特质很显然就是恐惧型和反恐惧型的性格特征在作祟。

童年生活——六号疑惑型性格形成

内心情感

基本恐惧	担心得不到支持和帮助；害怕无法独立生存；没有安全感。
基本欲望	安稳、有保障；得到支援。
基本忧虑	我是听话的、可靠的，但别人不是。
潜在恐惧	被人遗弃和孤立；对人和事缺乏安全感。
潜在渴望	感到安全和受到保护。
潜在情绪	害怕、忧虑、迟疑。
世界观	人心难测，遇人不淑就会被利用和陷害，渴望找到能让自己信任的同道中人。
行为动机	渴望受到保护和关怀；为人忠心耿耿，但多疑多虑；怕做错事。
注意力焦点	对未来可能发生的风险和麻烦的预测。

续表

强迫性行为	每件事情都要做好，但凡有一件事情做错了，就偏执地认为自己是失败者。
个人陋习	恐惧、焦虑、疑心太重。
性格倾向	忠诚、勤奋、保守、值得信赖；期望公平，要求付出和所得相匹配；害怕做错事受到责备；关注潜在伤害，对周围的一切都保持怀疑的态度，警惕性强；质疑权威，但又需要有权威保护自己；不易相信人，但又渴望得到别人的认可；思考得太多，犹豫不决。

六号疑惑型性格形成的可能性原因——童年模式

六号性格者的家庭环境有一个共同点：父母总是以简单粗暴的方法来关怀孩子，此时，六号性格的孩子只能顺从地接受。有时候，当孩子无法容忍这样的“关怀”的时候，他们会找一个自认为安全的地方藏起来，这样的孩子在大人眼中是听话的，但他们极度缺乏安全感，会不自觉地认为自己是个弱者，需要一个强大力量来保护自己。

小时候，我的父母总是吵架，每当他们吵完后，父亲就会摔门而去，彻夜不归。这个时候，母亲便将所有的愤怒都抛向了我，她不做饭也不理我，偶尔看我一眼也是满眼的怒气，仿佛我就是让她生气的父亲。于是渐渐地，我学会了看他们的脸色或说话声行事，只要他们两个人都在家里面，那我就要时刻注意着，以便提前预知危险的来临，一旦听到他们说话的方式不对，有炮火味，我就会立刻选择离开，去一个听不到争吵也不会受到责骂的地方。因为我知道，无论我说什么他们也是不会听的，他们从不考虑我的感受，只是一味地发泄自己的怒火，那我为什么不选择离开呢？

在六号疑惑型人的童年生活中，他们常常会成为父母的出气筒，有时候他们都不知道哪里做错了，就受到父母的责备或打骂。这种无缘无故的责备或打骂会深深伤害到他们幼小的心灵，以至于很小的时候，为了避免受到责备或打骂，他们学会了察言观色，希望提前预知危险的信号。而这种性格或者说习惯一旦养成，就会伴随他们的一生，使得他们成人后，一有点风吹草动就会变得异常警惕或焦虑不安，非常害怕有危险的事情降临到自己头上。

母亲生下我之后，父亲就离开了我们。从那以后，经受不住打击的母亲整日借酒浇愁，刚开始的时候她只是每天喝一点，时间一长她的酒瘾越来越大，成了一个嗜酒如命的女人。外公和外婆以及亲戚们都不允许她喝酒，可她总是戒不掉这个坏毛病，有时候她勉强能坚持两天不喝酒，可两天过后她又恢复到了老样子。母亲总是背着家人让我给她买酒喝，有时候她还会说谎，也让我跟着说谎。童年的生活真的没有一丁点的乐趣可言，父亲去世，母亲酗酒，因为这些原因，周围的小伙伴都不愿意跟我玩，而且我还总是会受到他们的欺负，只要一走出家门或离开学校，我就会四处张望，害怕那些可恶的男孩子们又会在某个角落向我扔石子或者突然冒出来把我推倒，我对一切都充满了警惕，以至于成人后仍然不能摆脱这种阴影。

童年时期，家庭环境中的突变，使得六号性格的孩子失去了父母的信任和依赖，在这种环境中，他们很可能又会遭受到来自外界的压力和伤害，在这种内外压力的双重攻击下，六号性格者迫切需要有一个人来保护自己，可这个可以保护自己的人却让自己失去了信任。久而久之，六号性格者的心中就会变得敏感、多疑、焦虑和不安，同时他们也会出现矛盾的心理，一方面渴望权威，希望有人保护，另一方面又害怕权威，想要挑战权威。

心理咨询——六号疑惑型人的闪光点和不足

闪光点：忠诚、有责任感；高度的警觉性和危机意识；做事小心谨慎，有较强的时间观念；注重团队精神。

很多时候，六号性格者都是怀疑、担心和恐惧的，他们对周围的一切都保持着一种怀疑态度，常常感到不安和惶恐。因为怀疑，他们常常会胆小怕事，什么都不敢想不敢做，只是一味地活在恐惧的世界当中。有时，当他们面对着巨大压力的时候，甚至会做出激烈的反抗行为，与使自己恐惧的人和物做对抗，他们是非常容易走极端的一类人。但我们不能否认，每一种性格的人都有其优势和劣势，六号性格的人也是一样。

我的公司里面就有一个女孩，是典型的六号性格的人。公司成立不久她就入职了，到目前为止已经在公司干了十年。十年对于一个人的一生来说可能不是很长，但对于一个二三十岁的人来说，几乎是她的全部，她把一个女孩子的大好青春都献给了公司。公司中每年都会走一批人，然后再来一批人，十年中员工来来去去，去去来来，我都不记得小小的公司里面留下了多少人的身影，但我记得的是她一直都在，不管公司的经营状况是好还是坏，她都未曾离开。作为一个领导，我应该对她表示由衷的感谢，但最令我应该说声感谢的是那件事，如果没有她，或许就没有现在的这家公司了，而我也不知道会在哪里……

事情是这样的：那天下午，大家都下班回家了，只有她还在公司加班，这是她的作风：今日事，今日毕。她一直加班到八点多才收拾东西准备离开，那时天已经黑了，她也着急回家，但当她走到公司玻璃门旁的时候，闻到了一股烧焦的味道，于是一贯做事细心的她就开始查找火源。她在一楼的办公室找了好几遍，都没有发现问题，于是就锁门离开了公司，但走到电梯口的时候，她还是感觉不对劲，屋里面有烧焦的味道但外面没有，那火源肯定是在屋里，于是她又返回了公司，这次她从楼下一直排查到楼上，原来火源在我的办公室里面，我经常坐的真皮沙发着火了……由于她的及时发现，公司才避免了一场巨大的损失，要知道我的公司是做图书的，公司里面就书多，如果不是她性格中的谨慎小心使她又返回来检查了一遍，后果将不堪设想。

六号性格者的最大优势就是做事小心谨慎，会将做过的事情或是下的决定进行反复的确认，他们非常害怕出现失误，因此做事之前都会深思熟虑，不会轻率和鲁莽，具有较强的危机意识和高度的警觉性，无论面对什么事情总是会不自觉地做最坏的打算，因此当危机来临的时候，他们总是能以冷静的头脑、充足的准备去应对。他们也是值得信赖和依靠的人，十分忠诚，面对强权的时候他们会毫不犹豫地站出来维护正义，无论是在公司里还是在婚姻生活里，他们绝对是忠诚者。

六号性格的人因为缺乏安全感，所以常常希望融入一个团队，以求在团队中获得安全感。他们非常注重团队精神，当然也希望在一个人际关系简单、目标明确、权责分明的团队中工作，因为这样的团队才会让他们更有安全感。

不足：缺乏自信，过于悲观，不敢承担责任；优柔寡断，疑心重，害怕犯错；思想保守，缺乏创新；行为偏激，要么过度顺从，要么过度反抗。

小静是一个瑜伽教练，人长得很漂亮，身材也很好，健身房内的一些异性朋友经常夸赞她，但她却不怎么自信，常常一个人问自己：我真的有那么美吗？他们是不是故意逗我开心呢？我是真漂亮还是假漂亮呢？

有一次，健身房的一个帅气小伙对她说："晚上有没有时间，一块儿出去吃个饭？"小静没有立即答应，而是对自己的闺蜜说："这个人以前也经常夸我长得漂亮，他是不是有什么目的？他和我约会，那我是去还是不去？如果我去了，他要骚扰我怎么办？我是不是应该带一个防身的武器呢？"

六号性格的人就是这样，对什么都充满了怀疑和警觉，他们的最大缺点就是过于疑虑和担心。因为疑虑他们总是喜欢去观察或者窥探别人行为背后的动机，如果关系过于简单，他们觉得不可信，如果幸福来得太快，他们又觉得这只是一个梦、一个幻想。因为害怕和担心，所以总是缺乏行动力，不管做什么事情都是拖拖拉拉的，而他们这种拖延的性格，也会使他们失去很多成长的机会。另外，他们缺乏自信，过度悲观，不相信自己，总是需要依靠一个权威人物。因为要依靠他人，很多时候就会失去自我，压抑情绪，听命他人，久而久之他们的性情就会变得消极、乖戾。

六号性格者也是非常极端的，要么过度顺从，要么过度反抗，他们相信最好的防卫就是攻击，当压力过大的时候，他们就会对引起自己焦虑的人或事产生攻击性。但他们怕犯错，思想保守、行为拘谨，习惯按规矩和经验办事，有时候甚至会畏缩不前。他们喜欢做成功率很高的事情，缺乏创新精神和冒险精神，因此很难在事业上有所突破，很难成为成功者。

沟通技巧——如何与六号疑惑型人和谐相处

知人先知面

身体语言	肌肉紧绷、动作僵硬；行为比较拘束；容易紧张和不安。
谈话方式	语速平缓，偶尔急速；边说话边思考，不把话说绝；常常表达疑问。
常用词汇	万一；可是；然而；不确定、说不定等。
面部表情	目光锐利，有时带着焦虑；表情冷静和拘谨，有时会局促不安。
外貌特征	忠厚老实、个性稳健、思想传统、不善表达。
着装特征	喜欢朴实简单的颜色和款式，喜欢穿深色调的衣服，穿衣风格比较保守。

六号性格的人会自我制造压力，而压力增大时他们又会变得焦虑，当他们问别人“怎么办”时，这其实是他们为了缓解焦虑而寻求帮助的时候。

一般情况下，他们不太愿意与人建立起关系，因为他们总是对周围的人抱有一种怀疑的心理，但如果有人确实能让他们感觉到安全，他们也愿意敞开心扉与其交往。

张宇飞被调到了总公司下面的一个分公司做总经理，上班第一天他就召集了公司的员工开会，希望通过这个会议能够对员工的性格有一个大致的了解，以方便后续开展工作，毕竟做管理首先就是管人，人管好了什么工作就都好做了。会议上，每个人都轮流汇报工作，而财务员李达的汇报让张宇飞印象深刻：李达一边汇报工作说自己的意见，但同时他又会不断地对自己的意见进行“自我质疑”，每当他汇报完一项工作后，都会说出自己的疑惑，然后说：“我也不知道这样行不行……”“理论上是这样的，但是……”李达不但对自己的工作存在质疑，对别人的工作也存在质疑，当大家都汇报完毕后，作为领导的张宇飞也分享了自己的一些意见，此时李达又说：“您说的想法是很好，但恐怕很难具体落实……”接着李达又说出了一连串“假想”的问题。

会议结束的时候，张宇飞对李达的性格也有了大概的了解，他从员工口中得知李达对待工作其实是很负责的，就是有时候想得太多，以至于没有做出太大的成绩。有了这些了解后，在后期的工作交流中，张宇飞总是以鼓励的方式向李达安排工作，每次张宇飞都会说：“放手去做吧，你一定可以做好。”每当李达对自己说出的事情表示质疑的时候，张宇飞就会说：“以你的才华和智力，做这件事毫无问题，即使有问题，你也可以妥善处理的，我相信你。”渐渐地，李达变得自信了起来，做事也不再那么犹豫不决了，与同事之间的关系好像也比以前和谐了很多。由于李达的忠诚、认真和踏实，不到一年，他就升为了财务经理。

六号性格者对什么都不自信，不相信自己也不相信别人，作为他们的朋友或亲人应该多鼓励和支持他们，表达对他们能力和判断力的认同，让他们变得自信起来。他们非常忠诚，与他们相处的时候应该多称赞他们的忠诚，这会让他们感觉到自己被理解了，当然他们也有特别多的疑虑，喜欢猜忌，因此作为他们的朋友一定不要欺骗他们，如果他们被友情、亲情或爱情欺骗了，他们可能就不会再相信了。

另外，在与六号性格的人进行沟通的时候，千万不要把话说得太绝对或太完美，毕竟世界上没有完美的东西，且六号性格的人本来就细致严谨，说得太完美，他们肯定会更加不相信，同时也会认为这个人是虚伪和不诚实的。

温馨提示：

六号喜欢的：能够提出合理且诚恳的建议的人；能缓和他们的焦虑，平复他们心情的人；真诚而坦率的人；做事小心谨慎的人……

六号厌恶的：言语中有强烈的不信任感；做事马虎大意、不负责的人；欺骗他们的人；轻飘浮躁，不能让人信服的人……

职业发展——六号疑惑型人职场认知

职业规划

适合的工作	会计、策划人员、行政文员、警察、情报人员等。
不适合的工作	不适合从事风险性高、变化大的工作，也要避免不能确定任务的工作。
适合的环境	权责分明、团队氛围好、自由度高，大家都有着清晰的目标和计划。
不适合的环境	压力大、任务不明确、钩心斗角以及需要现场做决策的工作环境。
工作状态	六号性格的人对待工作十分尽心尽力，会认真完成上级安排的任务，他们认为只要自己认真负责，就一定可以把工作做好，就可以获得一份安全感和踏实感。

李阳和几个朋友共同筹资成立了一家外贸公司，由于他投的钱比其他几个人多，所以顺理成章地成了公司的一把手。虽然是一把手，李阳却丝

毫没有当领导的魄力，不管做什么事情都是瞻前顾后不敢做决定，很多时候都表现得很没主见，每当公司需要做出重大决策的时候，他总是表现出茫然不知所措的样子。在公司的经营过程中，由于他的胆小怕事、优柔寡断，公司失去了好几次获取丰厚利润的机会。刚开始的时候几位合伙人勉强还可以接受，毕竟都是年轻人，经验不足可以理解，可时间一长，大家都不免开始质疑李阳的领导力了。

于是，当公司再一次陷入危机的时候，几位合伙人都纷纷离开了，因为大家都觉得李阳这个人太优柔寡断了，没有做大事的魄力，根本不适合做领导，怕跟着他不会有多大的成功，因此果断离去。

六号疑惑型领导的职场作风

一般情况下，六号性格的人不太适合当领导，因为每当出现紧急状况的时候，他们总是不能大胆地采取有效的措施来解决问题，他们总是想得太多，以至于耽搁了解决问题的最佳时机，他们也没有大刀阔斧进行改革的魄力，在领导力方面有所欠缺。但从另一个方面来看，六号性格的领导者思维缜密，考虑问题比较全面，常常能够从大的方面看问题，比较适合从事投资性的工作，如果能致力于投资领域，或许也可以有一番作为。

六号性格的领导者比较有正义感，会为自己的下属争取利益，在关键时刻也会帮助下属解决困难。但当他们面对一定压力的时候，就变成了反六性格的人，会为了团队的利益发愤图强、奋力直追，内心充斥着一定要改变这种局面的思想，此时六号性格的领导者会以一种“破釜沉舟”“拼死一搏”的精神来面对一切。六号性格的领导者喜欢听“诚实的意见”，对那些夸夸其谈、没有实质性效果的建议会表现出一定的排斥性，同时也会对自己轻而易举就能获得的成功感到不自信。

六号性格的领导爱质疑的特点也充分体现在其用人与放权方面，即使他们对公司的大多数员工都已经了解了，彼此间也建立了一定的信任，但仍旧不会放手把所有的工作都交给员工，他们总是担心别人没有自己做得好，凡事都喜欢亲力亲为。

六号疑惑型员工的职场作风

正六性格的员工总是期望有一个稳定可靠的团队或者权威人物来依靠，当有团队或权威人物来依靠的时候，他们就会非常有安全感，也会表现得很忠诚。反六性格的员工在职场中总会表现出一定的挑战性，他们质疑一切，敢于挑战权威，如果受到权威的打压，他们的反抗情绪会更加激烈。

在职场上，六号性格的员工不喜欢竞争，竞争会让他们感到压力重重，在竞争力非常强的环境中工作，无论失败还是成功，六号性格的人都是不能快乐的，有时候他们甚至会放弃非常好的工作机会，只因他们害怕竞争。他们喜欢有清晰指令、权责分明的工作关系，如果他们的意见和建议得到了上级的认可，他们就会表现得非常有干劲，且有很高的创造性和合作性。

在团队中，与六号性格员工相处的时候，一定要让他们知道团队中的一切情况，不管是好还是坏。当他们对一切都了解的时候，他们心里才有底，才会感到安全，才能更好地融入团队，才能表现出更高的忠诚度。

销售技巧——如何“捕获”六号疑惑型客户

宋妍是某珠宝商店的销售员。一天，她的柜台前来了一位五十多岁的中年男士，那位男士穿着非常讲究，背着一个男士挎包，鼻梁上戴了一副眼镜，神情一脸严肃，他已经在柜台前挑选了很长时间。于是，宋妍走到他身边说：“您好先生，我看您在这里看很久了，是想给自己买还是想给家里人买？”中年男士严肃地答：“给太太买的。”宋妍说：“男戴观音女戴佛，您可以先看看这些玉佛，这些都非常适合女士佩戴。”

中年男士好像已经看中了两款玉佛，他让宋妍把玉佛从柜台里拿出来，宋妍简单介绍了一下这两款玉佛，并说这种材质的玉很受欢迎，已经卖出好几块了。听完宋妍的介绍，中年男士微微笑了一下，接着宋妍又善解人意地说：“现在市面上的假货非常多，我知道大家都害怕买到假产品。”中年男士抬起头答道：“是呀，谁买到假货都生气，既然要买，肯定就想买到好的东西了，你们柜台的产品怎样？”听到询问，宋妍便不慌不忙地拿出了中年男士手中那一款玉石的鉴定书，同时还拿出了一个本子，上面记着购买人的电话和姓名。过了一会儿，宋妍又拿出了一个玉石鉴定器说道：“您看了这块玉石这么久，我感觉您一定也是行家吧。要不然你用这个仪器鉴定一下？”于是，宋妍就把鉴定器给了中年男士，中年男士一边检验着玉石，一边微微地点头。

随后宋妍又说道：“当然了，买东西还得看价格。”于是就在电脑上搜出了同类产品的市场价格表，中年男士看完后又是微微地点了点头。宋妍说：“如果您想再看看也可以，对比一下，毕竟货比三家嘛，比较之后再下决定也不迟。”这时，中年男士又拿着鉴定器检验了一番后说道：“应该没什么问题了，就它了……”这个案例中，中年男士在挑选商品时，犹豫不决的态度以及不善言语的特点表明了他应该是六号疑惑型性格的人，六号人的性格特点就是疑虑多，作为销售员的宋妍就抓住了这一点，使用各种方法来为中年男士解除疑虑，使他能放心购买商品。

那么，在具体的销售过程中，销售员应怎样与六号疑惑型客户沟通呢？

六号性格的人对周围的一切都充满了怀疑，他们通常连自己都不相信，怎么会相信别人呢？因此，销售员在向六号性格的人推销产品的时候，一定要能切实地说出他们的需求或者感受，真诚地表达，不虚张声势、不弄虚作假，要让他们信服，当然也要拿出充分的证据，比如销售情况表、购买记录、质量报告等，不要空口说白话，一定要用“证据”让他们相信这款产品是真实可用、值得购买的。

与六号性格的客户沟通的时候，一定要掌握话语的主动权，因为六号性格的客户总是有太多的疑问，如果销售员听任他们一个劲地提问，就会被牵着鼻子走，以致后来对他们提出的问题招架不住。所以销售员要主动替六号性格的客户说出疑问，进而说出疑问的答案，这样就会让他们觉得自己是被理解的，从而也更愿意与销售员沟通。销售员与六号性格的客户沟通的时候，一定不要表现得过分热情，销售员最好能采用循序渐进的方式来销售产品。

与六号性格的客户沟通的时候，还要表现出自己的诚意和敬意，比如可以多使用“您”“贵公司”“某先生或女士”“贵企业”等词。与他们商谈产品具体情况的时候，也不要想着“打感情牌”，这一招在他们身上也是行不通的。当然，有时候为了缓解六号性格客户的紧张情绪，销售员可以适当使用幽默的话语，但不可频繁使用。在具体的沟通环节中，如果六号性格的客户提出了疑问，销售员一定要及时给予解决，因为六号性格的客户对每一个疑问都是很担心的，如果没有解决的方法，为了避免未来会出现某种情况，他们就不会购买这款产品了。

婚恋关系——六号疑惑型人的情感密码

目标型号

六号的“夫唱妇随”型	四号自我型、六号疑惑型、八号领袖型
六号的“优势互补”型	一号完美型、三号成就型、五号理智型
六号的“动力成长”型	二号助人型、七号活跃型、九号和平型

聂斌是一个非常顾家的男人，对妻子和女儿都很好，就是有时候脾气上来了，异常暴躁。在外面的时候，如果他觉得有人对他不满或者心存敌意的时候，就会把自己“藏”起来不与人接触，不让别人伤害到自己。在家里，他也会与妻子发生争吵，有时候明明是想认错或者讨好妻子，可又会表现得很高傲，还特别爱面子，说话又很大声，最后使得妻子更加生气。

聂斌是爱自己妻子的，但有时候他的那种爱会让人感觉很压抑。他非常不喜欢妻子在下班后参加其他活动，尤其是男人多的活动，因为他也是一个男人，很清楚一个女人混在男人堆里会发生什么。因此，每次妻子说与同事一起聚会的时候，聂斌就会非常不安，他常常是每隔半个小时就会打一个电话，即使妻子告诉他是跟女同事在一起，他仍旧很“担心”，照样每隔半个小时打一个电话。妻子也知道聂斌很爱自己、很关心自己，但对他这样整日追问自己行踪的行为，还是感觉非常不能理解和接受，觉得这是丈夫对自己的不信任。于是，俩人之间的争吵越来越多，有一段时间还闹得要离婚。

与六号性格的人谈恋爱，可能不会拥有太多的浪漫，但六号性格者绝对是忠诚和专一的。由于他们对什么都感到怀疑，因此在婚姻和恋爱关系中会时常需要一个承诺，而这个承诺也必须要让他们感觉到安全和不被欺骗，而安全感，也是他们想从婚姻中得到的东西。很多六号性格的人要么很早结婚，要么很晚结婚，这取决于他们当时能不能从伴侣那里获得足够的安全感，如果爱人能够带给他们足够的安全感，他们就会很早结婚，反之就会很晚结婚。

两性关系中的六号疑惑型人

在两性关系中，六号性格的人非常忠诚，十分看重责任，只要爱人能够真正地爱自己，那他们也会永远地陪在爱人身边，不离不弃，但也要知道，六号性格的人绝不喜欢虚假的东西，尤其是关于爱情。六号性格的人可以成为“贤内助”，他们非常细心，考虑问题很全面，能够帮助伴侣想到他们没有想到的地方，如果伴侣在工作中遇到了问题，他们也会倾尽全力提供帮助。

有时候，六号性格的人也会表现出孩子般的天真和可爱，他们有同情心，非常善良，与他们在一起，伴侣也能体会到愉快的感觉，但有时候他们也会变得叛逆和无理。六号人性格中的两面性会使他们充满了神秘的特

性，非常迷人。可有时候，他们也会因为过分地怀疑和倔强，而使婚姻或者恋爱关系频频亮起红灯。

六号很“忠诚”，可有时却让爱人……

六号性格的人总是犹豫不决，面对爱情的时候，他们也表现得不明白自己想要的是什么，假如有两个男孩喜欢六号性格的女孩，那么六号性格的女孩就会表现得很犹豫，无法下决定选择哪一个。他们总是会想很多东西，有种杞人忧天的感觉，一旦遇到问题就会反复思考琢磨，以致把一个非常小的事情想成一个天大的事。有时他们的这种行为会让伴侣觉得他们神经质，而伴侣也无法接受与这样的人长期生活在一起。

六号性格的人多疑而善变，脾气就像夏天的天气一样说变就变，前一秒可能还在与伴侣愉快地共进晚餐，下一秒可能就会因伴侣接了某个陌生人的电话而多疑猜测，如果伴侣不能具体解释清楚，那他们很可能就会大发雷霆。很多时候，他们想事情总是会往坏处想，胆小怕事且缺乏浪漫，他们身上和思想中的那种想要过安稳平淡日子的想法，会让伴侣觉得非常没有情调，与他们在一起，也不能找到那种放飞自我的感觉。

六号性格的人总是喜欢与爱人唱反调。在恋爱阶段，这样性格的女孩或男孩可能会让另一半感觉很有意思、很有个性，但是在婚姻生活中，他们很可能就不能与伴侣和谐相处了，毕竟恋爱和婚姻中的两性相处模式还是不一样的。

如何让六号疑惑型人更爱你

遇到事情的时候，六号人性格中悲观、消极的一面就会显现出来，因此作为他们的伴侣，一定要表现出积极阳光的一面，并用自己充满正能量的语言和行为来鼓励他们，让他们知道不管遇到什么，都是上天最好的安排。

六号性格的人非常没有安全感，在感情方面更是如此，因此作为伴侣，要尝试着多说一些情话，做一些温暖有爱的事，让他们能够充分感受到爱人对自己的爱。当然，在向他们表达爱意的时候，一定要把握一个尺度，表达过了头会让他们觉得太虚假、不真实，如果他们能够感受到爱人对自己深切的爱意，那么他们也会以忠诚作为回报。

有时候六号性格的人会表现得非常怯弱，有时候又会表现得非常激进，无论他们做出哪一种行为，都是因为内心的胆怯所造成的。因此，作为他们的爱人，一定要多鼓励他们、肯定他们，让他们拥有更多的自信心。

亲子教育——如何教育六号疑惑型孩子

正确认识六号疑惑型孩子

性格特征：责任感强，值得信赖，易于亲近；守纪律，善于服从；胆小害怕，内心恐惧；缺乏自信心和安全感；猜疑心、警戒心很重。正六性格者：退缩、服从、守规矩；反六性格者：发脾气、斗争、尖叫、反权威。

自身优点：忠诚可靠，细心谨慎，善良有正义。

自身局限：心虚多疑，悲观消极，胆怯。

培养目标：锻炼胆量，培养自信心，克服多疑多虑的性格缺点。

一般情况下，六号性格孩子的父母中肯定会有一个六号性格的。

六号疑惑型家长自述：我是一个非常注重安全的人，总是能从一些人或事上面想到很多不安全的因素，我常常会发现孩子可能会遇到的危险，并且告知孩子一定要小心谨慎。在我心目中，孩子的安全才是第一位的！

防患于未然，我觉得给孩子买份保险是很有必要的，这才是父母给孩子最好的爱，因此在我的孩子很小的时候我就给他买了保险。

给家长的建议：家长应该放松自己，不要让自己整日活在忧思忧虑当中，尤其是在教育孩子方面，应该给孩子更多放飞自我的机会，放手让孩子去冒险，去尝试更多新鲜刺激的事情，相信孩子肯定能保护自己，即使遇到苦难也能化险为夷，千万不要把孩子当成“温室里面的花朵”来养育。

激励安抚：无论遇到什么事情，六号性格的孩子总是习惯先想到最坏的结果。作为家长可以告诉他们，无论遇到什么情况，父母都会在他们身边与他们不离不弃。这样六号性格的孩子才会比较安心，才能安静学习。

亲子教育法：①细心观察孩子的一举一动，给予真诚而具体的赞美，提高他们的自信心；②告诉孩子要思考，但不要过度思考，应该提高自己的行动力；③教育孩子应该赞美他人的优点，宽容他人的不足，懂得以欣赏的眼光看待一切；④培养孩子阳光开朗、积极乐观的心态，告诉他们应该以乐观的态度面对一切；⑤帮助孩子释放压力，培养其拼搏进取的精神；⑥多陪孩子参加社会活动，给他们十足的安全感。

放下疑虑，才能拥有美好人生

很多时候，六号性格的人潜意识中的恐惧和担心都是自己造成的，其实很多时候，并不是别人故意让自己难受而是自己看不惯别人，不信任别人，才会感觉难受。因此，六号性格的人要学会正视恐惧，放下疑惑，学会信任身边的每一个人。

陈岚 20 岁的女儿刚刚拿到驾照，这天晚上她和丈夫以及女儿一起去朋友家参加聚会，聚会的时候，陈岚的丈夫一时兴起喝了酒，于是晚上回家的时候就不能开车了。他们本打算打的回去，可刚拿到驾照的女儿主动要求开车，开始时陈岚和丈夫都反对女儿开车，毕竟女儿才刚拿到驾照。后来陈岚的丈夫说：“没事的，就让女儿开吧，人家可是有本的人。”可陈岚就是不同意，平时的时候，丈夫这个开了二十多年车的老司机开车时，坐在副驾驶上的她都会害怕，总是忍不住地提醒丈夫慢点开，更别说今天让女儿开了。于是，三个人就开始争论了起来，很显然，丈夫是支持女儿的，争论到最后当然是陈岚输了，于是，她不得不同意让女儿来开车。

刚开始时，女儿开得比较慢，陈岚虽然担心但也感觉女儿开得还算稳当，可当车子到了高速公路上时，女儿就把车速提了上去，这时坐在后车座上的陈岚开始感到不安了，她很是紧张，手脚发凉，头上直冒冷汗。陈岚想，怎么丈夫还不赶紧让女儿停下来，女儿开得这么快，太危险了。因为刚刚自己不让女儿开车，女儿有点不高兴，一路上也不跟自己说话，而自己也因在气头上也不愿意跟女儿说话，于是，她指望丈夫能说说女儿，谁知丈夫一句话都没有说。陈岚心里默念："要是丈夫先说女儿开车的问题，那我也紧跟着批评女儿就好了，可丈夫就是故意不说话，是让我先说啊，两个人合起来气我啊……"到了家，陈岚已经满头大汗，心里一直想着丈夫就是故意的，到家的时候，她对丈夫脱口而出："你干吗要这样？""怎么了？发生什么事情了？上车我就睡着了。"丈夫回答道。这时，陈岚才发现丈夫睡眼蒙眬的。

六号性格的人一定要时刻注意自己的悲观主义倾向，这种悲观主义很可能造成你心里的无名之火以及负面的思维模式，而这种负面的思维也会影射到你现实的生活中，当你被这种负面的思维模式所压垮时，你有可能变成最可怕的"敌人"，既伤害自己也伤害别人。

有时候，六号性格的人在面临压力或焦虑时，容易反应过度，其实很多时候什么都没有发生，事情也没有想象中的那么糟糕，一切都是因为他们想得太多。因此，六号性格者要摈弃疑虑，相信自我，相信他人，切不可杞人忧天，胡思乱想。过分的胡思乱想不仅会影响到自己的身心健康，同时也会影响到与家人、朋友和同事之间的关系。

知晓自己，看透他人——谁是六号疑惑型

下面是六号疑惑型人的一些常见表现，你可以看看身边的人是否具有以下特征：

1. 不会轻易相信别人，但内心深处渴望得到别人的欣赏和肯定；
2. 内心渴望要出人头地；
3. 与别人保持一定的安全距离，担心别人陷害和利用自己；
4. 要求公平，期望付出和所得是相等的；
5. 对金钱采取谨慎的态度，会严格控制开销；
6. 做事不是一拖再拖，就是向前直冲；
7. 当一个新项目要开始时，总是会过度思考可能出现的问题或麻烦；
8. 崇拜权威，但有时会质疑权威；

9. 生活在矛盾中，既渴望别人喜欢自己，又怀疑别人的喜欢是有目的的；

10. 害怕因犯错而被责怪；

11. 受到批评时，会愤怒或者攻击；

12. 做决定时喜欢听取别人的意见，一有差错，立即怪罪别人；

13. 他们会激怒对方，引来莫名其妙的吵架，其实是试探对方是否爱自己；

14. 他们通常会表现得非常顺从，但又会公开地反抗；

15. 他们常常不知道自己真实的感受，而是要从别人那里来了解自己；

16. 做事之前总是会三思而后行；

17. 他们通常表现得比较幽默，但这不是真幽默，常常是讽刺；

18. 相当情绪化，无法自己做主决定重大决策而感到不安；

19. 希望知道别人对自己的要求和标准是什么；

20. 是忠诚、值得依赖、勤于思考的人。

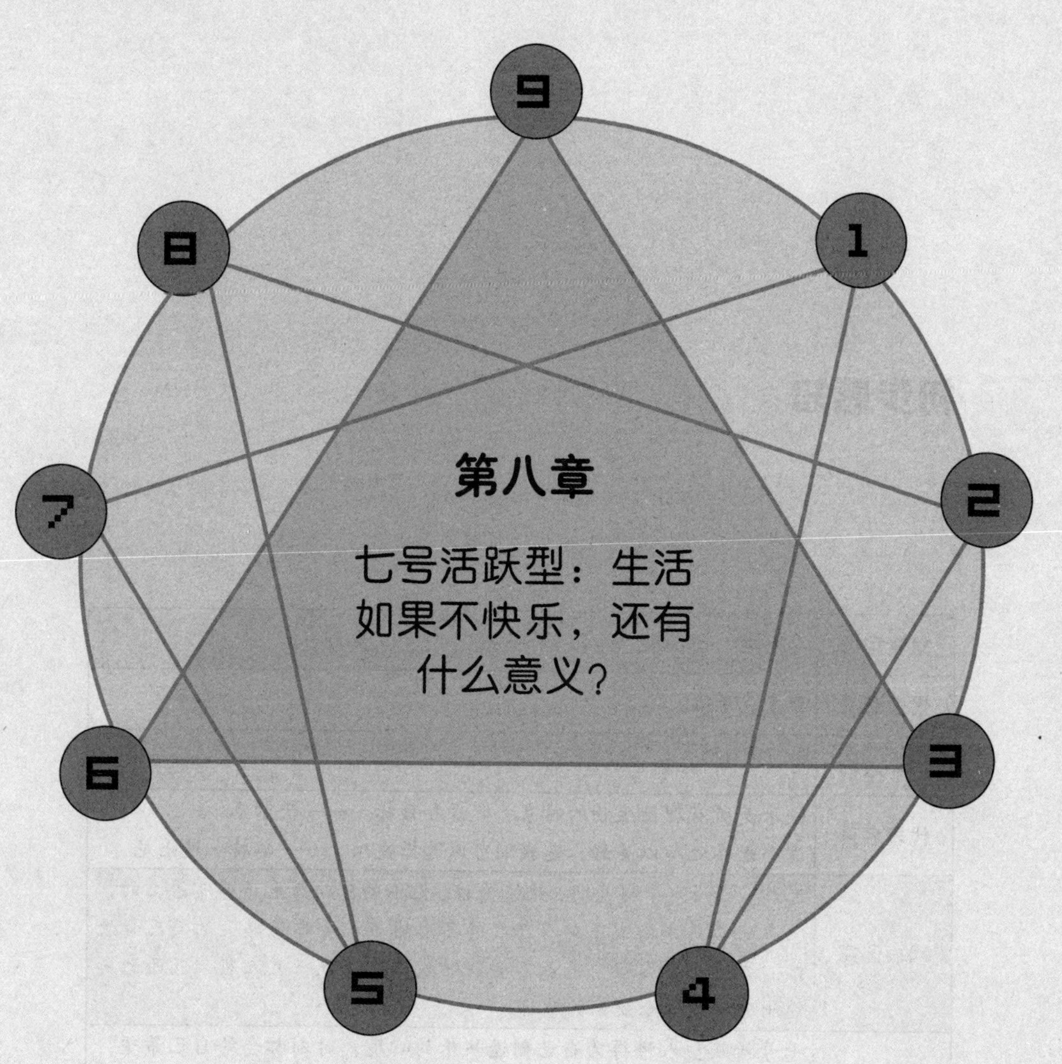

第八章

七号活跃型：生活如果不快乐，还有什么意义？

初步感知

角色定位	享乐型、冲动型、希望者、创造可能者、多面手。
代表动物	猴子、蝴蝶。
代表人物	苏轼、周伯通。
代表名言	快乐是所有理性生物的对象、职责和目标。——伏尔泰 这个世界之所以美好，是我们可以选择快乐。——华特·迪士尼
代表国家	巴西。巴西人乐观开朗、热情奔放，他们的狂欢节也是非常著名的，每年的二月中旬或下旬，巴西的各大城市都会举行盛大的桑巴舞表演。在这个节日里，巴西人会载歌载舞地庆祝三天三夜，巴西的民众十分喜欢这个欢乐的节日。
主要特征	七号活跃型人懂得为自己创造快乐的心境，时刻都会给自己希望，即使没有希望也会编制一个希望让自己快乐起来。他们兴趣广泛，乐于尝试，可是很少能静下心来做某件事，不愿面对困难和痛苦，遇到事情总会绕着走，缺乏有效解决问题的能力，常常以暂时的快乐来填充内心的空虚，以感官享受来填补内心的匮乏。

性格特征——整体认识七号活跃型

七号性格的人崇尚快乐，在他们的潜意识里，快乐至上，没有快乐，人生将毫无意义可言。他们像个孩子一样对世界充满了好奇，他们喜欢探索周围的事物，当然他们愿意探索的这些事物必定是有乐趣的，否则他们才不愿意浪费自己的时间在它上面呢。

陆洋就是一个七号活跃型的人，他平时的口头禅就是："管他呢，爽了再说。""管他呢，吃了再说。""管他呢，花光了再说。"过年的时候，陆洋和妻子一起去朋友家做客，路上他碰见了七八年没有见面的高中同学，陆洋平时就大大咧咧的，说话也很随便，于是他想都没想就对多年没见的高中同学说："呀！你小子还活得好好的啊，哈哈哈……"

如果这句话放在平时，可能也没有什么大不了，可这毕竟是过年期间，谁不想图个吉利呢。当即，高中同学的脸色就不太好看了，于是说道："你这臭小子的嘴还是这么损呢，大过年的，说这样不吉利的话。”陆洋见多年不见的老同学不高兴了，马上说道：“跟你开个玩笑嘛，逗你乐和乐和！”

还有一次，陆洋与同事一起参加集体活动，那天雾霾比较严重，大多数人都戴着口罩。陆洋到了之后就站在门口玩游戏，这时一位新来的同事从外面走了进来，陆洋看见这位新同事来了，一是觉得想与新同事开个玩笑，拉近一下距离，二是觉得新同事戴的口罩比较特别。于是，他就对着新同事大声地说：“哎，真有意思，这位老兄套着个尿不湿来了。”新同事刚开始没有反应过来，等到别人笑的时候才知道是说自己的，脸唰的一下子就红了。这次集体活动后，好长一段时间，这位同事也没有戴过口罩。

七号性格的人就是这样的快乐，他们的世界好像没有不快乐的事情，即使有他们还是可以把不快乐转化为快乐，但有时候，他们为了让自己快乐也会不小心伤害到别人。下面我们就来简单认识一下七号活跃型人的性格特征。

七号活跃型人追求快乐，喜欢娱乐消遣，爱开玩笑，在任何条件下他们都不会压抑自己的欲望和需求。如果有难过的事情，他们也会自我安慰，并且很快就把伤心的事情忘得一干二净，用一句比较流行的歌词来形容七号性格的人，就是：那都不是事，是事也就烦一会儿，一会儿就没事。七号性格的人开朗乐观、爱交朋友、喜欢自由、不喜欢被束缚，无论是吃饭还是穿衣，他们总是变着花样地吃或者穿，他们喜欢尝试新鲜事物，热衷于追赶潮流，他们不喜欢无聊乏味的工作和生活，特别害怕寂寞，所以会常常自己找乐子。他们的思维很敏捷，头脑灵活，想法多，点子也多，非常有创意，与他们待在一起总是会感到开心和快乐，但也正是因为他们总是有很多的想法，有时候他们不能专心做好一件事情，常常半途而废。

追求快乐是七号性格人的天性，有时候，为了快乐，他们常常会忽视别人的感受，如同文中的陆洋一样。也正因为这种有点自私的个性，他们很难走进别人的内心，而别人也会觉得他们不是可以信赖的人。

童年生活——七号活跃型性格形成

内心情感

基本恐惧	怕沉闷、辛苦，怕困于痛苦之中。
基本欲望	自由自在、无拘无束；追求快乐、满足，享受美好。
基本忧虑	生活中没有快乐。
潜在恐惧	自己的时间和空间被他人控制。
潜在欲望	能开开心心、肆无忌惮地享受生活，寻找快乐。
潜在情绪	贪得无厌。
世界观	世界充满了奇幻、刺激的事情，就让我在有生之年，尽情地享受这种快乐吧。
行为动机	逃避烦恼，崇尚快乐，一切以快乐为出发点和追求的目标。
注意力焦点	如何才能找到令自己开心和快乐的人或事。
强迫性行为	努力远离痛苦和束缚，不希望被不快乐的事情所控制。

续表

个人陋习	自私、贪玩、不专一。
性格倾向	乐观开朗，思想正面；乐于探索，不喜欢被约束；头脑灵活，懂得变通；勇于尝试，富有冒险精神；对有兴趣的事很着迷；讨厌无聊，喜欢交朋友；不善于处理烦琐的事情；贪图享受；放任自己，我行我素，很少用心去聆听别人的感受；喜欢刺激和紧张的关系。

七号性格人的童年经过一段美好的时光，每当他们回忆童年的时候，那一幅幅温馨而幸福的画面就会映入眼帘。他们通常不会去想伤心的事，即使他们曾经经历过或者那件伤心的事仍在脑海中存在着，他们也不愿去回忆，他们通常会回忆那些快乐的事情，对不快乐的事情会自动屏蔽，久而久之他们就会养成乐观开朗的性格。

小时候，我是一个非常贪玩的人，每天放学后都会去小朋友家玩上一阵子，一直玩到人家吃晚饭了我才回家。有时候我也想早点回去，可一旦玩起来我什么都忘了，快乐让我忘记了所有，尤其是夏天的时候，我总是很晚才回家，因此也总是会受到更多的批评。这些批评很多都来自母亲，因为夏天到了，家附近的河里蓄满了水，而我这种爱疯爱玩的性格总是让她很担心，她怕我会溺水，于是每天上学都会跟我说："放学了，早点回来。"可我总是不能如她所愿。有时候，我也感觉自己的脸皮很厚，因为每当母亲数落我的时候，我并不感到伤心和难过，而是会在脑海里不断回想着与朋友们愉快玩耍的画面，这个时候我没有丝毫的愧疚，反而因刚刚的愉快玩耍而兴奋不已。

七号活跃型性格的人与六号疑惑型性格的人在想事情的时候，其思维是恰好相反的，七号性格的人总是会往积极乐观的方面想，而六号性格的人总是会往悲观消极的方面想。因此很多时候，七号性格人的童年过得确实不错，也很幸福，他们关于快乐的回忆也都是正面的、真实的。在他们的记忆中，往往会把母亲的形象塑造得比父亲好，这种对于男性的反抗也会让他们带有温柔的反抗权威的色彩。

心理咨询——七号活跃型人的闪光点和不足

闪光点：乐观开朗，容易与人相处；兴趣广泛，思维敏捷；头脑灵活，有创造力；勇于冒险，敢于尝试；做事有弹性，不固执己见。

石君子是一位活泼开朗又非常漂亮的女孩，大学毕业后就到了一家影视传媒公司工作。在公司里，石君子受到了同事们的一致喜欢，因为她人非常聪明，古灵精怪，像极了《射雕英雄传》中的黄蓉，是办公室里的“活宝”。如果她一天没来上班，整个办公室的人都会感觉她像是一个星期没来上班了一样，只要有她在，办公室就总是充满了欢声笑语。有时候，部门中会遇到一些小难题，石君子总是脑筋一转就想到了解决的方法，有时候为了解决问题，她可能会耍一下小聪明或者“打个擦边球”。可不管怎么说，别人不能解决的难题她解决了呀，这不得不说是一种能耐。

在影视传媒公司工作了一段时间后，石君子又对摄影产生了兴趣，于是不顾家人的反对，毅然决然地辞去了影视公司的工作。走的那一天，公司的领导还特地请客为她送行，毕竟这个女孩子确实很优秀，幽默风趣，有想法，有头脑，而且非常善于交际，是一个不可多得的人才。

七号活跃型性格者兴趣广泛，乐观开朗，灵活多变，敢于冒险，能快速接受新事物，有着极大的创新能力，如果他们能好好利用这一优势，便能做出不凡成绩。他们总是有很多的想法，是“点子大王”，而且非常善于做规划，尤其是关于寻找快乐方面的事情，他们总是能够做到周密的安排。在人群中也总能成为人们关注的焦点，特别善于活跃气氛，能够给周围的人带来欢声笑语，因此七号性格的人非常适合公关类的工作。

七号性格的人有着较强的自我安抚能力，他们绝不会让自己沉浸在痛苦中无法自拔，无论遇到什么样的难题，他们总是能让自己很快地走出来，并告诉自己一切都可以好起来，而这也是很多别的性格的人做不到的一点。

不足：自恋、轻率、贪玩，不能忍受痛苦；缺乏耐性、兴趣易转移；执行力差；做事缺乏条理；以自我为中心，缺乏责任感，不会顾及别人感受等。

一位丈夫曾这样说自己七号活跃型性格的妻子：对于她，我真是又爱又恨。每次她一下班，高跟鞋直接脱到门口，挎包“呼”一下直接甩到沙发上，再走几步，裙子也直接褪到了客厅里面，我每次都要跟在她屁股后面收拾一番。有时候我也真是很生气，但每当想到她给我带来的幸福和欢乐，我又不忍心与她闹别扭。可是，我真心想让她改改她那大大咧咧的性格。

七号性格的人做事没有耐性，总是三分钟热度，因此，虽然他们非常喜欢冒险，但很少有成功人士，这主要是因为他们缺乏毅力，他们不愿承受痛苦，一旦遇到挫折或苦难，就会选择逃避或自我安慰，从不想着寻找方法去解决问题，可以说，他们也是缺乏责任感的，不足以承担大任。此外，他们太以自我为中心，常常会忽略别人的感受，有时候还会因为自己的快乐，而置别人于难堪的境地。

七号性格者也是偏执狂，他们反对权威，但是不会和权威发生正面的冲突，而是委婉地摆脱权威的控制，让自己与权威处于平等的位置。他们认为自己是自由的行动者，只听从自我的安排，他们常常会说："你做你的事情，我做我的事情。""不要在我背后指指点点，不要告诉我该做什么。"

沟通技巧——如何与七号活跃型人和谐相处

知人先知面

身体语言	好动，小动作多；行为举止较夸张；体型比较胖。
谈话方式	语速快、幽默，语不惊人死不休；说话跳跃性大，缺乏逻辑；喜欢闲聊。
常用词汇	管他呢；爽了再说；快乐至上；真没意思等。
面部表情	爱笑，一般都是大笑，鲜有微笑，有时也会表现出不屑的神情。
外貌特征	古灵精怪，很有灵性。
着装特征	穿着随意，追求时尚；喜欢穿颜色亮丽的衣服，不喜欢穿太正式的衣服。

中午的时候，肖然与办公室的几个同事一起在餐厅吃饭，正值夏天，天气比较热，餐厅里不免有苍蝇飞来飞去。同事们都在埋头吃饭，谁都不

说话，这时一只不识趣的苍蝇飞了过来，肖然赶了几下没赶走，于是就想着通过苍蝇来活跃活跃气氛，便乐呵呵地说道："你们猜这只苍蝇是公还是母？"

同事们都觉得肖然说的话太无聊，而且是在吃饭的时候"聊苍蝇"，不免觉得厌恶，于是几个同事都没有理他，只有一个新来的同事说了一句："我感觉是母的。"肖然却说："我怎么感觉是公的呢。"于是，两人你一句我一句地聊了起来。当别的同事都吃完饭准备离开的时候，肖然与新来的同事饭还没有吃完，且还在热火朝天地聊着，只是此时，他们已经不单单聊苍蝇了，开始聊家庭聊兴趣了。于是，这一顿饭的工夫，新来的同事就与肖然建立了一定的友谊，而肖然也为多了一个"兴趣相投、志同道合"的朋友而高兴，吃完饭回办公室的路上，肖然还主动邀请新同事到自己家吃饭。

七号性格者不喜欢严肃拘谨的人或者谈话方式，因此，如果想与他们愉快地交流，就跟着他们的思路来，说一些能让他们感到有趣、快乐的事情，这样他们才会觉得你很有趣，从而愿意更深地与你交往。七号性格的人有时候会为了找乐子而故意说出一些不着边际的话，此刻作为他们的朋友千万不要立刻指出其中不切实际的地方、打击他们，毕竟这是他们的天性，要明白这是他们制造快乐的一种方式，作为朋友，应该尊重他们的创新，尊重他们的天马行空，并通过温和、幽默的口吻建议他们慢慢改掉不良的习惯。

七号性格的人一生都在追求快乐，他们十分厌恶痛苦，作为他们的朋友或爱人，有责任告诉他们人生也有痛苦，也有挫折和磨难，当这些不如意来临的时候要学会面对，学会接受，学会克服，不要逃避。有时候，七号性格的人会说话放肆，口无遮拦，会在无意间伤害到别人，尤其是与关系比较好的人相处的时候，他们更容易无所顾忌，因此作为他们的亲人或朋友应该对他们多点包容和谅解。

温馨提示：

七号喜欢的： 欣赏、赞美他们的幽默风趣；与自己同样乐观开朗的人；愿意分享快乐的人；自由、宽松的环境……

七号厌恶的： 强迫自己做不喜欢的事情；剥夺自己追求快乐的人或事；沉闷、无聊，没有幽默感的人；经常性地指责他们的人……

职业发展——七号活跃型人职场认知

职业规划

适合的工作	演员、主持人、魔术师、广告创意、歌手等。
不适合的工作	一板一眼、纪律严明的工作，比如公务员、律师、会计等。
适合的环境	需要创意，时间自由，没有太多约束的、有趣的工作环境。
不适合的环境	例行公事、不断重复、紧张烦琐、有正式评估的环境。
工作状态	他们乐观开朗，有才华，有能力，喜欢寓快乐于工作中，一边享受工作，一边享受快乐。他们喜欢冒险，但缺乏做事的专一性，如果在这一点上能稍微调整一下，将会是非常不错的创意工作者。

2003年，徐光明高中毕业了。毕业在徐光明的脑海里代表着可以离开

总是给他很多限制和管教的学校了，他没打算上大学，这个想法已经存在于他的脑海里很久了，徐光明认为，在学校里学习的都是理论性的东西，只有在社会这所大学中磨炼，才能学习和积累到真正的技能和本领。父母和亲戚都劝他还是读完大学再出去找工作，可他执意不肯，于是就背起行囊，来到了繁华的大都市——上海。徐光明本来就是一个追求快乐的人，刚到上海的时候，他每天都沉浸在对未来幸福生活的无限畅想中，看着那些摩天大楼，那闪耀的霓虹灯，他心中的兴奋无以言表，甚至当因学历太低不能做文职工作而被迫进入电子厂打工的时候，他也是很开心的。

但徐光明在电子厂没干多久，就发现了厂里面的残忍，电子厂老板总是变相地让员工们加班干活，甚至还会克扣员工的工资。电子厂老板只是把员工当作赚钱的机器，这让徐光明感觉很难忍受。有一次，他跟工厂的领班大吵一架后便被辞退了，但当时的徐光明没有半点的沮丧，他告诫自己“还有更好的东西在等着自己呢”。后来，徐光明来到了北京，经过一番调查了解后，他把目光放在了街头广告宣传上面，他的朋友们都认为这个行业没什么市场价值，但他不这么认为，他将全部精力投入其中，反复修改方案，最终创造出了一套有自己特色的广告传播模式，而且还创建了属于自己的公司，直到现在公司经营得还很好，效益颇丰。

七号性格的人总是对美好的事物充满了热情，他们体内的兴奋因子在新鲜和充满挑战的事情上面会愈发膨胀，他们喜欢创新，向往工作中一切奇幻刺激的事情。在职场中，我们很容易就会发现七号性格的人，他们常常是人群中最欢乐的，总是能给周围的人带来很多欢乐，他们总是会有很多新奇的想法，且非常具有冒险精神，无论做什么事情总是自信满满。只是他们做什么事又都浅尝辄止，不能深入进去，如果他们能认真负责、踏踏实实地将自己的计划付诸行动，不放过每一个细节，不怕麻烦，将自身的潜力最大化地发挥出来，那么，他们也能收获属于自己的成功。

七号活跃型领导的职场作风

七号性格的领导总是会给员工描绘出一幅幸福蓝图，总能把积极的、正面的东西传达给员工，当员工在工作中消极待命的时候，他们总是会为员工鼓劲和呐喊。他们总是能与员工打成一片，请员工吃饭也是常有的事情，而且员工也非常喜欢与他们待在一起，毕竟不会有太大的压力；但因为与员工走得太近，他们的领导力就会显得没有那么强，而缺少领导力这一点也是七号性格的领导应该注意的。另外，他们非常注重享受，有时候，危机已经发生了他们却浑然不知，除非有人告诉他们，否则他们以为一切都在顺利地向前发展。因此，给七号性格领导的建议就是，千万不要因为贪图享受而忽略了对事业的关注。

七号性格领导者头脑也很灵活，想法超多，善于做计划，只是在计划开始阶段，他们能很好地配合员工开展工作，但当计划实施到一定的阶段时，他们就会对重复的工作感到厌烦或者突然改变关注点，把剩余的工作交给下属去做。所以说，他们更适合做计划者、设计者，而不适合做实施者。

七号活跃型员工的职场作风

七号性格的员工是公司里面的活宝，他们有自信，乐观开朗，风趣幽默，总是能给大家制造很多快乐，因此，与七号性格的人一起工作是非常快乐的事情。六号疑惑型性格的员工需要清晰的指令，但七号性格的员工正好相反，他们不喜欢在一个规矩特别多的地方工作，就算是领导安排工作，他们也只希望领导说一个大致的情况就可以了，剩下的就让他们自己发挥就好了。

在一个项目刚开始实施的时候，七号性格的员工总是能起到至关重要的作用，他们总是能提出很多意见，而这对于完善项目有很大的帮助。但当项目进行到中途的时候，七号性格的员工可能就会松懈，所以他们总是需要一个有毅力和恒心的人来辅助自己工作。

销售技巧——如何“捕获”七号活跃型客户

江兰是一位音乐老师，最近她和朋友一起开了家乐器培训班，她今天出来就是采购乐器的。在街上转了很久之后，江兰进入了一家名叫星月神话的乐器行，进去后，她一下子就被墙壁上挂的各种各样的乐器吸引了。这时一个戴着眼镜，身穿蓝色短袖的男生走了过来。

江兰指着墙上挂的一把吉他说：“我的培训班里都是一些 3 ～ 4 岁的孩子，女孩子多一些，不知道这把吉他适不适合他们？这款吉他会不会太重呢？小兄弟，你能帮我推荐一款吗？”江兰兴奋且诚恳地望着男生，而男生应该是新来的，他说：“这把吉他是挺不错的，要不我拿下来您看看？”一会儿后，江兰又说：“我看这款吉他还不错，可是如果我们决定要买，就会在这里批量购买，不知道这边的批发价是怎么算的。要是能给我们优惠一点，我会多帮你们介绍客户的。”这时，男生简短地说了一句：“我们这都是最低的价格了，不能再便宜了。”江兰一听就有点不高兴了，但没有表现出来。

这时，站在一旁一直观察江兰的女老板走了过来，她支开了男生，直接与江兰交流了起来。女老板笑着给江兰递来了一瓶饮料，接着说道：“要不您先用这吉他弹奏一曲，试试我们这吉他的质量如何？”江兰一听当然高兴了，于是便愉快地弹奏了起来。江兰弹奏的时候，女老板也跟着唱了起来，两个人一个弹奏，一个唱歌，好不默契呀。弹奏结束后，女老板说：“真没想到，您弹奏得这么好！”不过她又半开玩笑地说，“您能弹这么好，也是我们的吉他质量好啊。”女老板这样一说，江兰也笑了起来，说：“是的，是的，吉他的质量好。”接下来，女老板又与江兰进行了愉快的交流，因为彼此间相谈甚欢，可想而知，生意自然也就谈成了。

案例中的江兰应该是七号活跃型性格的人，刚开始她与男生交流的时候，两人的谈话很不和谐，而且江兰也有点不耐烦，主要是因为男生有点沉闷，总是跟不上她的说话节奏。要知道，七号性格的江兰是追求快乐的，他们的思考方式和谈话方式一般都是比较快的，他们喜欢与有趣的、快乐的人交流，而男生显然在她面前表现得有点内向了。后来，女老板看到两人谈话中隐藏的“矛盾”，主动站了出来，根据江兰的性格特点与其沟通，并最终达成了交易。

那么，在具体的销售过程中，销售员应怎样与七号活跃型客户沟通呢？

销售员与七号活跃型客户沟通的时候，一定不要表现得过于沉闷，毕竟七号活跃型客户是追求快乐的人，他们比较喜欢与快乐的人交流，如果销售员表现得死气沉沉，他们就会感觉到压抑，从而想很快结束交流。在向七号活跃型客户推销产品的时候，不要只停留在说的阶段，可以试着演示出产品的使用功能。当然，如果能配合着说出一些幽默风趣的话来，就更能有效地促成交易。

七号活跃型客户是非常自信的，因此，在推销产品的时候，销售员不妨用词大胆点，比如可以说“带给我们更多的快乐”，能激发出七号性格客户的购买欲望。

在与七号活跃型客户沟通的时候，一定要跟上他们快速转变的思维，与他们进行有效的互动，不能答非所问，更不能一问三不知，否则只会让七号活跃型客户很有挫败感，从而不认可你，也不认可你的产品。对此，销售员在平时的时候，可以多关注一些与产品相关的有趣话题，以便当客户询问产品的时候，可以与他们进行有趣的交流。

婚恋关系——七号活跃型人的情感密码

目标型号

七号的“夫唱妇随”型	二号助人型、七号活跃型、九号和平型
七号的“优势互补”型	四号自我型、六号疑惑型、八号领袖型
七号的“动力成长”型	一号完美型、三号成就型、五号理智型

王宇轩是一位设计师，他平时最大的爱好就是来一场说走就走的旅行，他喜欢自由，不希望受到别人的管制，希望永远都过着“想旅游就旅游，想唱歌就唱歌，想喝酒就喝酒”的自在生活。他常与朋友说的一句话就是：及时行乐。对，这就是他的人生观。

除此之外，他还有一个“爱好”就是不断地更换女朋友。在朋友的眼中，他是一个非常仗义的人，但是在爱情面前，他却不能给人信服的感觉，他曾在不到一年的时间里换了三个女朋友。其实，按他自己的话说就是，每段感情都是全身心地投入，但不知道为什么总是在相处一段时间后就不愿意再待在一起了，好像已经厌烦了。有时候，他也劝自己不要再换了，可总是觉得还有更好的在后面，而且自己还年轻，不能被现在的这段已经不满意的感情所困扰。所以直到现在，他仍在频繁地更换女友。

其实，王宇轩也曾深爱过一个女孩，他与那个女孩在一起了两年。王宇轩觉得，只要自己能够带给女孩快乐，她就一定能永远与自己在一起，可女孩最终却离他而去。女孩给出的原因是：他适合恋爱，却不适合生活，没有经济观念。这话让为女孩付出了很多的王宇轩受伤颇深，而女孩也成为他心中一道过不去的坎。

两性关系中的七号活跃型人

在两性关系中，七号活跃型人乐观开朗、聪明活泼、兴趣广泛且多才多艺，是能带给伴侣快乐的人，与他们生活在一起，伴侣总是会感觉到甜蜜和幸福。他们脑子里总是会有很多新奇的点子，有时候慵懒需要依靠，有时候又很独立，即使伴侣不能陪伴自己，自己也可以找到属于自己的快乐。所以，在两性关系中，他们能够给爱人更多的空间，不会过分地依赖爱人。

七号活跃型人是人群中的亮点，不管到什么地方，他们身上散发出的自信和乐观都会感染到他人，所以，与他们在一起，伴侣也会感觉到很有面子。此外，他们敢于冒险，有勇气，有胆识，这一点会让他们更加有魅力。当然，在前进的道路上不管遇到什么困难，他们总是会以积极的心态面对，如果爱人遇到困难，他们也会以一种乐观的态度来开导对方。

七号活跃型人很“快乐”，可有时却让爱人……

七号性格者是可以自己寻找快乐的人，有时候为了追求自己的快乐，他们常常会以自我为中心，忽视伴侣的感受，这就会让伴侣感觉到他们没有被深切地爱着。如果伴侣遇到困难，七号性格者有可能不会与伴侣一起承受痛苦，他们或许会用自己一贯使用的“逃避”的方法来开导伴侣，但这种方法不能解决问题的根本，而此时，作为七号活跃型人的伴侣就会对这段感情产生怀疑。

七号活跃型人性格开朗，善于社交，正因为他们有着快乐的天性，不管是男人还是女人都喜欢围在他们的周围，这就会使伴侣很没有安全感，当然，在婚姻关系中，伴侣也会觉得他们缺少为家庭付出的责任感。很多时候，七号活跃型人会感情用事，做事比较冲动，在恋爱关系中，爱人可能会觉得这样的七号是天真可爱的，但真要步入婚姻殿堂的时候，爱人就会认为他们是不成熟的，是无法让自己信任和依靠的。

七号活跃型人对待感情十分果断，喜欢了就在一起，不会在乎对方的背景，不喜欢了就果断离开，绝不委曲求全，只要自己开心就好。他们没有多么深刻的感情观念，如果有人说他们“感情肤浅”，他们就会说：“那么认真干吗？找罪受啊！”

如何让七号活跃型人更爱你

七号活跃型人喜欢轻松自由的生活，因此，作为他们的伴侣一定不要试图去管制他们，让他们成为“妻管严”更是不可能的，你应该给他们更多自由的空间。作为他们的爱人，如果你的生活比他们的更精彩，他们才会更愿意与你在一起。

七号性格的人总是会逃避痛苦和悲伤，他们常常让自己生活在真实的或者虚构的快乐中。因此，作为他们的伴侣应该温柔地告诉他们，应该学会面对世间的一切，不要逃避，要用积极的心态和正确的方法去解决。另外，他们还喜欢尝试新的事物，喜欢冒险，作为他们的伴侣，应该跟上他们的步伐，与他们一起经历那些新鲜、奇妙而又刺激的事情。

亲子教育——如何教育七号活跃型孩子

正确认识七号活跃型孩子

性格特征：乐观开朗，行动派；善于观察，想法多；喜欢交朋友，引人注意；精力充沛；逃避痛苦和挫折；极度自信，有自恋倾向；思维容易分散，缺乏持久力。

自身优点：积极乐观，勇于尝试，交际能力强。

自身局限：缺乏做事的恒心和毅力，容易逃避。

培养目标：提升创新力，增强持久力。

一般情况下，七号性格孩子的父母中肯定会有一个七号性格的。

七号活跃型家长自述：我是一个性格开朗的人，从来没有一件事情可以难倒我，即使遇到了棘手的事情，我也会自我安慰，绝不允许自己整天活在悲伤之中。我希望儿子也能成为一个乐观开朗的人，我常常跟他说：

“大丈夫，拿得起放得下，流血流汗不流泪，凡事都应该笑着面对。”在儿子还很小的时候，我每次抱他总是会尝试使用不同的动作，比如正着抱、倒着抱、侧着抱，我也会让他尝试新鲜、有趣、好玩的东西，我觉得孩子在很小的时候就应该体验不同的东西，这样未来的生活才会丰富有趣。

给家长的建议：对于七号活跃型孩子，家长应该倾听孩子的心声，提高孩子的忍耐力和直面挫折的能力，告诉他们逃避并不能真正地解决问题，只有静下心来，集中注意力分析和思考，才能找到解决问题的方法。七号性格的家长积极乐观、风趣幽默、外向热情、思维活跃、兴趣广泛，应教育孩子多看生活的积极面，培养孩子开朗阳光的个性，鼓励孩子尝试和探索新鲜好玩的事物。

激励安抚：七号活跃型的孩子通常都是比较有自信的，考试前夕，他们已听不进家长的鼓励，满脑子都在想着考完后的计划，所以就随他们去吧！不给他们太多的压力，或许他们会考得更好。

亲子教育法：①使用灵活多变的教育模式，提升他们的专注力和持久力；②与孩子共同完成一个任务，告诉他们凡事应做出结果，与他们一起体会成功的快乐；③他们的好奇心和冒险精神是难能可贵的，家长要鼓励孩子继续发扬这种精神；④培养孩子的纪律性，告诉他们不应以自我为中心，应该学会体谅别人；⑤培养孩子直面痛苦的勇气，告诉他们不应回避问题，人生就是要学会体验；⑥留意孩子的才能，帮助他们找到未来的发展方向。

耐得住寂寞，经得住诱惑

人生要勇于面对，不要为了短暂的快乐而不断找借口，试图逃避。

七号活跃型人活泼开朗，想象力丰富，有敏锐的洞察力和创新能力，但他们也有很多不足之处，比如贪玩、没耐性、不专一，虽然兴趣广泛，但不管学什么都无法深入进去，总是会为自己不断找借口，缺乏脚踏实地，埋头苦干的精神。他们的意识常常停留在对目前快乐的享受和对未来快乐

的憧憬中，不愿去面对生活中痛苦的一面，一旦遇到不如意的事就会表现出不满与焦虑。

李琦是典型的七号活跃型性格的人。周六，她约了几个朋友晚上来家吃饭，早晨一起床她便开始收拾屋子，准备迎接朋友的到来，正收拾着忽然姐姐打来电话，说希望她陪自己去逛街。李琦说："我陪你逛街，有什么好处吗？"姐姐说："吃海鲜大餐还是哈根达斯，你自己选。"李琦一听，感觉还不错，毕竟现在离晚上朋友来家里聚餐还有一段时间，自己正好也要出去买菜，于是就爽快答应了。她跟着姐姐一起逛商场、吃东西、看电影，玩得不亦乐乎，其间姐姐多次提醒她要注意时间，千万不要耽误了晚上的聚餐，李琦每次都说："没事，还早着呢，再玩会。"后来，她一直玩到六点多才回去，去菜市场买菜的时候，菜市场的阿姨们都在忙着收摊，没有收摊的摊位上也都摆放着一些没有了卖相的菜，她不得不又坐公交车去最近的超市买菜。

买完菜后，李琦便匆忙地推着东西到收银台结账，但因这天是周六，购物的人很多，收银台前都排成了长龙。李琦看看手表，已经快七点了，而她和朋友约定了七点在家吃饭的，可是现在……等李琦回到家时，朋友们都已经站在门口等着她了。七号性格的人就是这样，做事没有计划，想到哪做到哪，没有时间观念，好多事情都随着心情去做，给人一种不能信任和轻浮的感觉。

因此，七号性格的人要学会抑制自己的冲动，而不是屈服于自己的冲动，做事情前要先有清晰的计划和目标，不要想到哪就做到哪，要明白，完成一件事，不光要会想，还必须认真去做，善始善终，能够忍耐无聊的过程，并能够坦然接受失败的结果，这样才能收获甜美的果实。

知晓自己，看透他人——谁是七号活跃型

下面是七号活跃型人的一些常见表现，你可以看看身边的人是否具有以下特征：

1. 乐观、精力充沛、迷人，但难以捉摸；

2. 把一切的事情看成快乐的事情或者能带来快乐的事情；

3. 痛恨被束缚或控制，而且尽可能地做出愉快的选择；

4. 在不愉快的情况下，他们会从心理上逃脱到愉悦的幻想中；

5. 他们会提前想好未来快乐的事情，一旦新的选择出现时，他们又会适时更新内容；

6. 容易接受新的经验、新的人群和新的点子，是富有创意的工作者；

7. 向往自由，不愿意轻易做出承诺；

8. 主动地将平庸单调的生活调剂得丰富多彩；

9. 不具备耐心和恒心；

10. 长时间重复单调的工作，会让他们觉得非常难受；

11. 爱交际，有很多朋友，而且兴趣广泛；

12. 喜欢寻求开心和快乐，不喜欢沉闷的、没有欢乐的场合；

13. 讨厌别人强迫着做事情；

14. 十分健谈，能说很多有趣的故事，并喜欢得到人们的关注；

15. 对所有的人采取开放的态度，即不怀疑也不批判；

16. 非常爱面子，不喜欢承认错误，总会找出合理化的借口；

17. 性格豁达，通常能够很快从失败中走出来；

18. 精力旺盛、反应迅速、灵活多变，喜欢新鲜和刺激；

19. 喜欢我行我素，讨厌规矩，总是认为“只要我喜欢，有什么不可以”；

20. 做事很少讲究计划，想做就去做，不想做就不做。

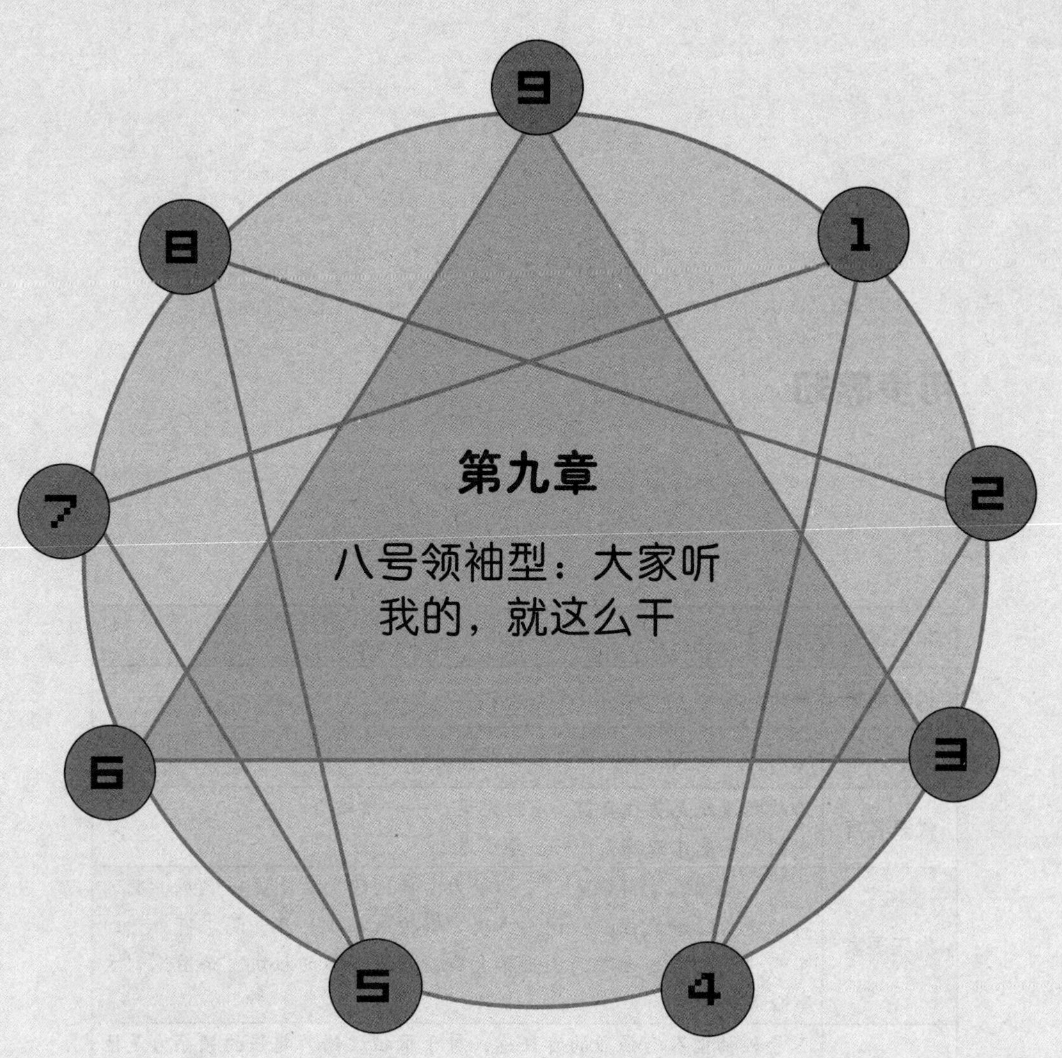

第九章

八号领袖型：大家听我的，就这么干

初步感知

角色定位	领导者、企业家、保护者。
代表动物	犀牛、狮子、老虎。
代表人物	武则天、张飞、霍英东、任正非等。
代表名言	为政之道就是勇往直前，有进无退。——拿破仑 中国人不是东亚病夫！——李小龙
代表国家	德国。德国人崇拜强者，崇尚权力。德国的国徽上是一只鹰，鹰的特性是勇猛和刚强。德国人希望靠实力来征服世界，渴求有力量的东西，他们曾发动了两次世界大战，挑战世界的权威，企图达到主宰世界的目的。
主要特征	八号领袖型人有强烈的责任感，勇于承担过错，超强的领导力是他们与生俱来的优秀品质，他们身上有一个典型的特征——霸气。他们渴望得到权力，愿意为得到权力而付出比常人更多的精力和时间。他们有远大的理想和抱负，喜欢享受成功带来的喜悦，他们不愿意对别人马首是瞻，常常忽视别人的痛苦。

性格特征——整体认识八号领袖型

很小的时候，我就会做那些在别人看起来复杂难办的事情。7岁的时候，我的领袖才能就已经显现了，当大家在一起玩耍的时候，我总是被他们推举做老大。如果我发现我的小伙伴受到欺负，我肯定会站出来帮助他们，因此，小伙伴们也都非常愿意与我在一起，他们觉得与我在一起很有安全感。长大后，即使生病了，我也会照常上班，我一直觉得自己是一个很难被打倒的人，即便是被打倒，我也能顽强地爬起来，我相信，就算失败了也能东山再起。

从小到大，无论做什么事情，我都是自己拿主意，很少去听别人的意见；当别人向我提意见的时候，我反而会将别人说服，让他们认为他们提出的建议是不可行的，我非常希望看到别人按照我的方式做事情。只要我觉得对的事情，我就一定要去做。我做事的目的性很强，非常注重结果，而且这个结果必须是好的，否则我一定会推倒重来，直到获得的结果是自己想要的，我知道自己可能一辈子都不会改变这种性格了。在日常的工作和生活中，我喜欢用简单直接的方式与人沟通，一旦发现与我沟通的人是一个啰里啰嗦的人，我就会很反感，但如果我喜欢做某件事或者吃某种食物，我就会近乎偏执地喜欢，我曾经一口气吃掉五大碗卤煮，只因为当时特别想吃。我相信一分耕耘一分收获，所有的成果都是通过付出得到的，我对子女的要求很高，在我看来，只要是别的小孩可以做到的，我的孩子也一定可以做到，别人家孩子做不到的，他们也要努力做到。

文中的“我”是一个十足的八号领袖型人，他们身上有着与生俱来的领袖气质，有力量，喜欢挑战，有正义感，做事目标性很强，下面我们就来简单认识一下八号领袖型人的性格特征。

八号领袖型人最大的特点就是有领袖才能，他们不怒自威，能够开疆破土，开拓新环境，能够直面困难，英勇无畏，为了获得成功也会拼尽全力。八号领袖型人非常正义，不能看到以大欺小的事情，如果遇到这样的事情，他们肯定会第一个站出来为公平和正义呐喊，有时候不惜使用暴力。

八号领袖型人天生就具有很强的控制欲，他们总是希望别人服从自己，按自己的要求做事情，在与别人进行沟通的时候，他们总是会说“你应该这样做”“你不应该这样做”“按我的方式来”等。

八号领袖型人喜欢做强者，在他们的脑海里从来没有做不到的事情，他们希望获得权力和财富，掌控大局，为达目的，他们不惧怕竞争和挑战，在八号领袖型看来，只有成了强者，才能保护身边的人。八号喜欢迎接挑战，三号成就型人也喜欢挑战，不过两者的挑战有所不同，当面对太大压力的时候，三号通常会去寻找捷径；但八号不会，八号是“明知山有虎，偏向虎山行”的那种人，所以八号不但非常渴求获得成果，而且还渴求自己有获得这些成果的实力。

八号领袖型人无论做什么事情都表现得很“用力”，甚至可以说是“过度”。比如，他们希望放松，那就会彻夜狂欢，如果他们需要完成某项工作，会连续加班一个星期。

童年生活——八号领袖型性格形成

内心情感

基本恐惧	怕别人瞧不起自己，怕别人说自己软弱。
基本欲望	一切都由自己掌控。
基本忧虑	没有权力，就得不到别人的爱。
潜在恐惧	别人控制或支配自己。
潜在渴望	别人都听我的。
潜在情绪	冲动、专制、愤怒、自负。
世界观	这个世界充满了竞争，我要成为一个实力强大者，打击强权，保护弱者。
行为动机	成为出类拔萃的人；成为群体中的领导者，为他人出头，有很强的正义感。
注意力焦点	什么是公平的？谁还有异议？

续表

强迫性行为	努力控制局势，不让自己处于被动的局面中。
个人陋习	蛮横、辩论，对人指手画脚，有极强的报复心理。
性格倾向	自信、果敢；公平正义，保护弱者；意志力强、行动力强；易冲动和蛮横；热衷于追逐权力；活力四射，讨厌虚伪；喜欢控制别人，但不喜欢被别人控制；缺乏温柔，很难站在对方的立场上思考。

在儿童时期，八号领袖型人可能经受过肉体或精神上的虐待或打击，这些虐待或打击很可能来自父母或兄长，也可能来自比较强横的同龄人，这些人企图控制他们的生活。当他们面对这些不公平待遇的时候，他们的心里就会得到这样一个信息，那就是如果自己坐以待毙，只会忍受更多的不幸，于是他们开始反抗，并通过各种形式使自己变得强大，从而改变对自己不利的现状。

童年时期，无论是在家里还是在外面，八号领袖型人总是表现得很强硬，他们从不知道什么是哭泣，从不表现出软弱的一面，因为勇敢和无畏，他们总是能受到小伙伴们的追随。八号性格的人很小的时候就已经学会了保护自己和家人，为了生存，他们不得不很早就出来打工赚钱。很小的时候，我的母亲就给我讲了《花木兰》的故事，母亲总是跟我说："女孩子一定要坚强、独立，软弱是要被人欺负的。"于是，从小我就表现得非常强势，我绝不会忍受别人对我的轻视和无理，如果遇到这样的事情，我一定会采取行动给予反击，如果有人让我难堪，那我肯定会让他们更丢脸。

在家里面，我要我的哥哥们也都必须听命于我，有时候他们觉得我是一个女孩子，不愿意服从我的领导或安排。每当这个时候，我就会发脾气，一旦发脾气，我就表达出自己的想法，他们就能顺从我的意愿；而每当我表现得很软弱的时候，我的母亲就会告诉我："你今天做得不够好，以后肯定是要吃亏的。"于是，我又不得不告诉自己："以后不能如此懦弱，懦弱的人是会被人欺负的……"在童年时期，八号性格的孩子总是被告诫应该坚强和勇敢，如果不坚强勇敢，就会受到他人的欺负。久而久之，八号性格的孩子就会为自己穿上一套铠甲，让自己表现得强势刚硬。

我有两个姐姐，我是父母的第三个孩子，父母一直想要个男孩，母亲在怀着我的时候就一直认为我是一个男孩，而父亲更觉得我应该是一个男孩，可天不遂人愿，我偏偏又是一个女孩，我也不想这样的。在我出生后，父亲和母亲都不怎么待见我，好像我是一个可有可无的人。在我很小的时候，我还不是太懂那种被排斥的感觉，我只知道他们总是很忙，当我渐渐长大后才明白我是多余的，是我毁灭了他们的希望，他们之所以很忙，没有时间陪我，是因为他们根本不喜欢我。当我的内心中认定了这一点后，我也开始排斥他们，我开始学着自己照顾自己，让自己过得更好。

当八号性格的人还是个孩子的时候，因为某种原因他们遭到了排斥，比如，父母因为八号性格的人是女孩而不喜欢或者不待见他们，这就会造成八号性格孩子的逆反心理，此时八号性格的人不会后退或者说表现得沉闷、消极，相反他们会勇敢地站出来反抗或者用同样的排斥做法来对抗或排斥他们的父母或者亲人。

心理咨询——八号领袖型人的闪光点和不足

闪光点：乐观自信；勇于挑战，有开拓精神；公平、正义、有爱心；真诚坦率，不拘小节；有超强的领导力。

古希腊有一个城邦叫斯巴达。有一次，强大的波斯军队在国王薛西斯一世的率领下对希腊发起了战争，他们沿着海岸向希腊进军。面对来自波斯的强大压力，希腊人决心给予敌人猛烈的反击，以保卫自己的国家。于是他们分析敌人的进军路线，决定在敌人的必经之路，也就是在一个山和海之间的狭窄通道——瑟摩皮雷隘口，开展阻击战。

当时派去守卫隘口的是斯巴达人里欧尼达斯，他手下仅仅只有几千名士兵，但他和这几千士兵毫不畏惧敌人的进攻，硬是用自己的血肉之躯，抵挡住了敌人两天的猛攻。可这时候，希腊内部却出现了一个可恨的叛国者，这个叛国者告诉了敌人：隘口不是唯一的通路，有一条长而弯曲的猎人步径可以通到山脊上的一条小路。叛国者的计划得逞了，守卫那条秘密小径的人受到袭击并且被击败了，几个士兵及时逃出去报告里欧尼达斯。在这样紧急的情况下，里欧尼达斯不得不改变作战方针，命令大部分军队偷偷从山里回到需要他们保护的城市，只留下三百名斯巴达皇家卫兵保卫隘口……

这个故事还有下文，但在此我们不用再说什么了，八号领袖型人强硬的领导作风已经清晰地展现在了我们的眼前。文中的里欧尼达斯就是八号领袖型人，在带领士兵与敌人战斗的时候他不畏惧不退缩，哪怕失败也要勇敢前行。里欧尼达斯的英勇作战充分展现了八号领袖型人的自信和勇气，而自信和勇气正是八号领袖型人身上的闪光点，当然八号领袖型人身上的闪光点还有很多。

八号领袖型人坚持公平和正义，愿意为弱小者出头，惩恶扬善是他们经常做的事情，在与恶势力做斗争的道路上，即使困难重重，他们也不会退缩。他们天生就富有领袖气质，渴望做强者，为了做强者他们可以付出比常人更多的努力。当然，作为领导者的他们也具有非凡的行动力，善于谋划布局，慷慨大方，愿意承担责任，是极具魅力的领导者。

八号领袖型人正直、真诚，有什么说什么，不喜欢拐弯抹角，也不喜欢别人拐弯抹角，有话直说最好，他们讨厌虚伪的人。正是这种耿直的性格，使他们会得罪一些人，但同样会因为正直、真诚的人格魅力赢得很多人的追随。另外，他们具有做大事的气魄，敢想敢干，有勇有谋，面对苦难，越挫越勇，能够在一个新的领域做出一番大业绩。

不足：敏感多疑，自大；攻击性强，有报复心；独断专行，喜欢权势；行事冲动，容易愤怒；喜欢支配别人。

崔家峪是某房地产公司的总经理，平时的时候，他对公司里的员工都是非常照顾的，他觉得自己是员工的领导，理应保护他们，因此不管公司里哪位员工遇到困难，崔家峪都会为他们提供帮助，公司里的员工大多也认为崔家峪是一个有魄力的领导，但对这位领导，员工们也有不满意的地方。

有位员工说："崔总是个好人，但是在工作上他有点独断专行，凡事都让我们按照他的安排来做，有时候，我们也需要发挥一下自己的创意呀，而且如果我们没有听从他的安排，他好像还会记仇。"还有一位女性员工说："不得不说崔总是一个非常有魄力的领导，但他太容易冲动了，脾气也有点大，一发起火来，我们女同事都不敢与他对视。"

金无足赤人无完人，世界上没有一个人是完美无瑕的。崔家峪本人也承认，在工作上他确实不善于听从别人的意见，很多时候总是觉得自己的想法更符合公司经营状况。可是在经历了一段时间的财务危机后，他也决定改变一下自己的管理作风，广泛听取员工的意见和建议，尽快解决公司的财务危机。

在工作中，八号领袖型人具有强烈的控制欲，独裁专横，自以为是，他们总是希望别人听从自己的安排，如果别人不能按照自己的计划行事，他们就会控制不住自己，就容易冲动和发脾气。尤其是在工作中，他们非常容易对下属颐指气使，长此以往下属就会对他们产生反感的心理，而他们也容易给人留下专横霸道的坏印象。而且，他们的报复心是非常重的，为了报仇他们会选择隐忍，但这并不代表他们打算就此了结，在他们的观念里"君子报仇，十年不晚"。如果他们做了公司的老板，他们这样的想法和做法是不利于公司长期发展的。

八号领袖型人自信、勇敢，有非常强的行动力，但是他们有时候会盲目自信，做事容易冲动，一味用强硬的方式去处理问题，他们常常看不到自己的缺点，也忽视了对方的优点。他们非常喜欢权力，为了获得权力，常常会不惜一切代价，有时会牺牲感情，对待感情非常冷漠。

沟通技巧——如何与八号领袖型人和谐相处

知人先知面

身体语言	行动快、动作刚劲有力；自视甚高，目中无人；说话时配合肢体动作。
谈话方式	直截了当，简洁明了；声音洪亮，语气坚定；经常下命令；生气时，非常急躁。
常用词汇	这样做就行；听我的没错；按我说的办；有魄力；我要求等。
面部表情	表情凝重、很严肃，有威严，容易发怒。
外貌特征	有气势，身材魁梧，气宇不凡，有领导范。
着装特征	不会特别注重服装和打扮，但必须显示出权威和力量。

阿里巴巴集团主要创始人马云是一个典型的八号领袖型人，童年时期，马云在学校一度受到同学们的欺负。在受到侮辱时，跟姐弟们的默不作声

不一样，马云必须予以回击，因而他是老师眼里打架最多的学生，可以说，马云是一个在“斗争”中长大的人。

2005 年，雅虎向阿里巴巴投资了 10 亿美元，但雅虎也只是获得了阿里巴巴 40% 的经济受益权和 35% 的股票权，虽然马云让出了一些经济利益，但是股东的投票权和决策权，他却不愿意让步。马云曾在接受媒体采访时宣称：“我们的品牌以及所有的决策权跟美国没有关系，很多人问我以后怎么向美国报告，我说杨致远应该向我报告，我是董事长，他是董事，我是他老板，他不是我老板。所以现在的决策问题全在中国了。”毫无疑问，马云是八号领袖型性格的人。

马云的身上就有着八号领袖型人的性格特征，从文中马云的说法和做法，我们大致也应该能知道八号领袖型人的行事作风。他们的斗争性非常强，希望掌握大权，不希望听命于他人。当我们了解到八号性格者内心的潜在要求或者说是底线的时候，我们可能就可以与其愉快地相处了。跟八号领袖型人沟通最好的方式是直接说重点，这样他们才不会表现出不耐烦的情绪，才会认真听你的陈述。

八号领袖型人喜欢斗争，为了获得自己想要的结果，会与人抗争到底。因此，在平时的交往中，尽量避免与他们发生冲突，因为他们是绝不会在冲突中失败的，即使他们有错误，他们也不会承认，除非他们的错误在实践中得到了验证。当然，也不要一起冲突就结束谈话，要试着通过合理的方式解决冲突。

八号领袖型人的领导力是与生俱来的，他们通常希望掌控全局，而不希望被别人控制。因此，如果想与八号和谐相处，尽量按照他们的要求来做事吧，千万不要试图去控制他们，那样只会更加激起他们的控制欲。他们说话直接，不会拐弯抹角，讨厌虚伪，因此与他们交往的时候，也一定要真诚相待，不要欺骗他们；也正因为他们说话太过直接，常常会忽视他人的感受，因此，与他们相处的时候，一定要包容他们说话直接的毛病。

一般来说，面对比自己强的人，八号领袖型人会尊重对方；面对比自己弱的人，他们又会试图控制对方，但也会去保护对方。所以，从某种程度上来说，其实八号领袖型人也是非常适合做朋友的，毕竟他们的为人是善良、公平和正义的，但因为他们强烈的控制欲，有时候也会让朋友或亲人感觉不舒服。

温馨提示：

八号喜爱的：赞赏他们的正义感和责任感；尊重他们的权威和地位；真挚诚恳地与其进行交谈；和他们一样能干大事的人……

八号厌恶的：横行霸道，欺负弱小的人；不听从他们的安排；企图谋权篡位，控制他们的人；没有实力，却虚张声势的人……

职业发展——八号领袖型人职场认知

职业规划

适合的工作	领导者、经理、销售员、业务员、工程师等。
不适合的工作	不适合从事服务类或者不能展示自己领导力的工作。
适合的环境	有压力和挑战性以及自己能有决策权的工作环境。
不适合的环境	需要分享权力的工作，或者是被别人操控的工作环境。
工作状态	八号领袖型人在工作中非常卖力，珍惜时间，注重效率。他们常常把工作放在第一位，即使度假也会思考工作，他们喜欢在工作中充当领头者的角色，喜欢学习，希望能了解懂得更多，然后去指导他人，但通常情况下也具有控制人的欲望。

任正非，华为技术有限公司主要创始人、总裁，中国电信界的教父级领袖人物。2005 年和 2013 年两次登上美国《时代》杂志全球一百位最具影响力人物。《财富》中文第七次发布“中国最具影响力的商界领袖”榜单，

华为 CEO 任正非位列榜首。

他领导的华为是全球领先的信息与通信技术（ICT）解决方案供应商，有超过 17 万名员工，业务遍及全球 170 多个国家和地区，服务全世界三分之一以上的人口。

当笔者在 2010 年还瞧不上华为手机，用着红极一时的小米时，华为却如小溪积流一般，销量迅速攀升，成了中国第一家、全球第三家智能手机年出货量过亿的厂商，稳居中国智能手机市场份额之首（已经超越苹果、三星）。华为的崛起，让世界对中国刮目相看，改变了人们对于它低价的印象，并且重新认识了声名显赫但低调如谜的任正非。

外界也常形容任正非是商场上的“斗士”，但是他在另外一篇著名的文章《我的父亲母亲》中却不无深情地记录下了自己的遗憾：华为的成功，使我失去了孝敬父母的机会与责任，也消蚀了自己的健康。回顾我已走过的历史，扪心自问，我一生无愧于祖国、无愧于人民、无愧于事业与员工、无愧于朋友，唯一有愧的是对不起父母，没条件时没有照顾他们，有条件时也没有照顾他们。

纵观中国历史，从来都不缺乏政治家、企业家，但缺乏真正的商业思想家，在当代中国，任正非算是一个。

八号领袖型领导的职场作风

八号领袖型人比较适合竞争激烈的工作环境，在这种环境中，他们更能展现出自身的领导魅力，这类领袖型人具有非凡的领导才能，能够带领下属开创事业。当然，在面对极端困难的创业环境时，八号领袖型人会刻意地压制自己的一切私欲，全副武装地与对手作战，直至获得胜利。

八号领袖型人希望一切都在自己的掌控之中，他们不喜欢将事情安排给他人，除非他们能找到一个让自己十分信任的人。在找到这个可以令自己信任的人之前，他们会通过一切方法来考验这个人，如果八号性格的领导认可了某位下属，那么他们会在工作中格外照顾这个人。八号领袖型的领导希望下属能够经常向他们汇报工作或者提建议，不管是好的还是坏的，都可以。他们最不喜欢什么意见都没有的人，如果八号领袖型的领导主动向下属询问意见，该下属说“没有”，那么他们肯定会非常生气，要知道，八号领袖型的领导很容易因为一些小事而发脾气。另外，他们是非常有责任心的人，因此希望自己的下属也是非常有责任心的。他们不喜欢下属找借口或者推卸责任，更不喜欢下属欺骗自己；同时八号领袖型人也不喜欢表扬和赞美下属，如果他们觉得某位下属的工作做得好，会通过安排更多的工作来表示自己的认可。

格力空调董明珠是一位具有传奇色彩的女企业家，20 世纪 90 年代，36 岁的董明珠辞掉了南京的工作来到深圳闯荡，当时的她，不求大富大贵，只求有一个稳定的生活。一个偶然的机会，董明珠进入了格力空调厂，在这里她从一个基础的业务员开始干起。有一次，董明珠因为身体虚弱，晕倒后不慎摔伤了，但第二天早上，她还是忍着痛苦继续去工作。同事们都劝她好好养伤，但她却表示，自己刚开始跑业务，如果因为这点小伤就叫苦连天，以后还怎么工作，于是她带着伤仍陪同事一起去北京跑业务。

后来，公司又把董明珠调到了安徽，让她负责安徽的市场，她在安徽做的第一件事情就是追债。董明珠几次三番登门讨债，对方都以种种理由打发她，但是董明珠不怕，坚决与对方耗着，她坚持了四十多天，其间对方多次耍手段让她碰壁，但她从未想过放弃，终于在最后的时候，对方答应她退货，此时她才罢休。可以说，那时董明珠的认真和坚持就已经决定了她未来的伟大成就。

八号领袖型员工的职场作风

八号领袖型员工非常有干劲，有魄力，如果他们能正常地发挥出自己身上的才能，他们往往能成为团队中的精英，而且还能通过自己的努力成为领袖人物。但年轻的八号领袖型员工很多都具有“用力过度”的倾向，为了获得自己想要的工作成果，他们常常是用尽全力，有时候甚至会无视身体健康，他们这样的工作方式无疑会降低工作效率。

八号领袖型的员工是非常现实的人，他们关注金钱、权力、地位、公平和安全等问题，他们要求时间和劳动上的公平交易，不允许有任何不公平的事情出现在自己的身上，当然也不允许自己周围的人遇到不公平的待遇。在工作中，八号领袖型员工非常有领导派头，他们有时会表现得像个领导一样，随意发号施令，置真正的领导于不顾。有时候，他们的领导派头会让他们在工作中崭露头角，获得人们的追随或者领导的嘉奖，但有时候，由于对其他人过度的指挥，也会引起他人的反感。

八号领袖型员工具有较强的控制欲和领导欲，他们通常听不进别人的指导和建议,因此在职场中,八号性格的员工经常会给领导带来麻烦,难以管教。

销售技巧——如何“捕获”八号领袖型客户

李丽是一家商贸公司的销售员。一天，老主顾何群又来找她谈合作的事宜，这天，何群还带来了他的徒弟——一个年轻的女孩子。何群是一个标准八号领袖型的人，体格健硕，说话声音洪亮，有着压倒一切的气势，李丽已经与何群有过几次接触了，已经对他的性格有了大致的了解。

何群这次来找李丽，主要是想看看他上个星期让李丽设计的包装盒样品设计得怎么样了。于是，李丽拿出了按照何群的设计方案设计出来的礼物包装盒样品，何群一看，感觉不太满意，然后说：“这个样品与我预想中的差远了，不是我想要的。”何群这人虽然已经五十多岁了，但说话还是铿锵有力，掷地有声，他一边说，一边上下左右翻转着看样品，还不时地与一起来的女孩说着产品设计得不够好、不够精致等话。

看到何群对这款样品不满意，与李丽一起负责这款样品设计的同事想

要辩解，毕竟她们都是按照何群的要求来做的，哪有那么差劲，竟被他说得一无是处。此时，李丽赶紧在下面按了一下同事的腿，示意她不要说，然后李丽说道："看来何老板对这款样品的设计不太满意呀，那您还有什么意见，不妨说一说，我们好再学习一下？"此时，何群一脸严肃地扶了扶眼镜说："我再提三点意见吧，你记一下，一共三点。一是包装盒上的LOGO的颜色再调亮一点；二是宣传文案再简练一点；三是包装盒能再做精致一点。这些问题你们都要注意解决。"

何群说完后，李丽笑着说："好的，我明白了，谢谢您提出来的意见，我想这些意见对我们很有帮助。"接着李丽又说道，"我们接下来再重新设计一款样品，到时候您再看看，我们再来谈合作事宜。不过您放心，这次包您满意。"何群看见李丽这么诚恳，于是说："咱们已经合作多次了，我相信你的办事能力。"

从这个案例中，我们应该可以看出何群是一个八号领袖型的人。八号领袖型性格的人通常比较强势，说话有力量，不容置疑，希望别人按照自己的方式来做事，如果没有按照自己的方式做事会很生气。因此，针对这样性格的客户，作为销售员一定要尊重他们。

那么，在具体的销售过程中，销售员应怎样与八号领袖型客户沟通呢？

销售员在与八号领袖型客户沟通的时候，一定要尊重他们，不管他们是领导还是员工，在说明产品的相关情况的时候，一定要主动请八号性格的人发表他们的看法，并虚心接受他们提出的建议，这样八号性格的人会因为得到了尊重，从而愿意继续谈合作。在与八号领袖型客户沟通的时候，要在心里树立着一种如今是"买方市场"的意识，尊重八号领袖型人，适当降低自己作为卖方的身份，不要直接拒绝或者当着别人的面来否定他们的意见和建议，否则只会让他们感觉很没有面子，如果确实需要拒绝，销售员也一定要委婉地表达。

与八号领袖型客户谈判的时候，不要完全由自己掌握谈判局面，这样会让八号性格的客户很有压迫感。作为销售员，应该尽量引导他们来做出成交的决定，而不是通过话语或者行为来强迫他们做出成交的决定。

八号领袖型客户是非常强势的，他们说话声音非常大，尤其是与销售员讲价的时候会更加气势逼人。这时，作为销售员千万不能害怕，或者被他们的气势所吓倒，一定要冷静对待，同时也可以合理地表现出自己“强硬”的一面，这样说不定还会受到他们的尊重，从而达成合作。

婚恋关系——八号领袖型人的情感密码

目标型号

八号的"夫唱妇随"型	四号自我型、六号疑惑型、八号领袖型
八号的"优势互补"型	一号完美型、三号成就型、五号理智型
八号的"动力成长"型	二号助人型、七号活跃型、九号和平型

张斌贺是一个八号领袖型性格的人，他对自己的家人非常好，无论他们需要什么，他都会尽量满足他们，因为张斌贺觉得，自己是一个男人就应该撑起这个家。张斌贺和妻子是大学同学，大学毕业后俩人就结婚了，结婚后的第二年，也就是他们刚创业半年的时候，妻子就怀孕了。那时候，双方的父母都非常理解张斌贺创业的艰辛，于是也希望张斌贺怀孕的妻子能够继续工作，而他的妻子当然也愿意继续工作，毕竟刚怀孕不久，还是

可以做事的。再者说，妻子跟着他做事，也可以减轻一下他的压力。

但张斌贺却觉得，妻子都怀孕了，怎么还能让她跟着自己东奔西跑呢？自己是个男人，吃苦受累都是应该的，于是，妻子从怀孕的第一个月起就不做事了。创业成功后，张斌贺还是一如既往地对家人好，但他也经常给家人立规矩，并希望家里的人都按照他立下的规矩生活，一旦破坏了订立的规矩，他就会非常生气。因为这件事，他也经常与妻子吵架，好在妻子能够理解他的脾气，吵架后很快就能和好。

张斌贺的妻子是一个柔中带刚的人，表面上看着柔弱，骨子里却非常要强，没有一般女人的矫揉造作，当初张斌贺也正是因为欣赏妻子的这一点，才不顾一切地追求她。如今，俩人在一起已经生活了八年，八年的生活中，发脾气最多的人是张斌贺，而给予最多理解和宽容的人则是他的妻子。

随着张斌贺的事业越做越大，外出应酬的机会也增多了，但大家从来没有听过他有什么出轨的事情。而张斌贺本人也说："我的妻子非常理解和尊重我，无论遇到什么，她总是不计任何代价地为我付出，所以，我不会辜负她。"

两性关系中的八号领袖型人

八号领袖型人是忠诚而又大方的人，如果伴侣能够理解和支持他们，那么他们一般不会出轨，而且会表现出很高的忠诚度。他们有非常强的"保护欲"，而这种保护欲也会有两个方面的表现：一方面，这种保护欲会让伴侣很有安全感；另一方面，过度的保护会让伴侣失去自由，有种被束缚住的感觉。

八号领袖型人可以给伴侣很多的关心和爱，如果伴侣遇到困难或者挫折，他们会想尽一切方法帮助伴侣摆脱困境。他们对没有主见和上进心，容易屈服的伴侣不感兴趣，那会让他们感觉到没有挑战性，对于这样的伴侣八号人会感到厌倦，不愿意过多地与其接触，更别说未来要生活在一起了。

在家庭中，要尊重八号领袖型人一家之长的地位，当他们发脾气的时候，要注意调节他们的情绪，当他们对家人提出不合理的要求时，也要学会理解他们，因为，这些都是他们内心当中爱的一种表现。

八号领袖型人很“勇敢”，可有时却让爱人……

八号领袖型人有时太过专制，他们总是希望伴侣按照自己的想法来做事，对于伴侣的说话和做事也常指手画脚。一旦伴侣没有按照自己的要求做事，他们就会大发脾气，这种以爱的名义所表现出来的专制往往会让伴侣无所适从。他们脾气暴躁，有时还会肆无忌惮地发脾气，尤其是面对着与自己关系很近的人的时候，他们更是无所顾忌地发脾气。他们不能忍受感性的一面，不太会考虑别人的感受，这也会让伴侣觉得他们缺少了温情的一面。

八号领袖型人的自尊心非常强，一旦与伴侣发生争吵，他们绝不愿意放下身段说声抱歉，他们总是希望别人主动与自己和好，长此以往，在这种不对等的婚姻或者恋爱关系中，伴侣就会选择离开。八号领袖型人还是非常注重公平、非常现实的，他们非常在意自己的付出，如果他们付出了真爱，肯定会要求伴侣也能以真爱回报自己。

如何让八号领袖型人更爱你

与八号领袖型人相处的时候，一定要对他们说实话，不要试图欺骗他们。他们最讨厌的就是被欺骗和蒙在鼓里，不管是好事还是坏事，都应该让他们知道，这不仅可以建立起信任的桥梁，同时也可以让他们知道，作为伴侣的你非常理解他们。

八号性格的人有时候会自以为是，他们常常会忽略伴侣的感受，说一些伤人的话语，此时作为伴侣，应该坦诚地指出他们的错误，告诉他们“你的话深深地伤害到了我”。爱人之间，只有真诚地表达自己的想法，彼此之间才能建立起公平的、长久的恋爱或者婚姻关系。八号性格的人是勇敢和无畏的，他们比较喜欢有主见，坚强而独立的人，因此作为他们的伴侣应该跟上他们的步伐，努力学习新知识，不断提高自己，只有当双方都不断成长的时候，恋爱或者婚姻关系才能更稳固，彼此才能更相爱。

俗话说：“每一个成功男人的背后都有一个无私的女人。”八号领袖型人也有自己的缺点和不足，作为伴侣应该帮助他们发现自身的缺点和不足，尤其是人际关系方面。作为伴侣可以多帮助他们在中间周旋，这样他们肯定会为你的善解人意而更加爱你。

亲子教育——如何教育八号领袖型孩子

正确认识八号领袖型孩子

性格特征：率真、正直，喜欢打抱不平；行动力强；精力旺盛；崇拜权力，控制欲强；急怒、冲动，不守规矩；喜欢挑战和竞争；凡事喜欢自己做主；喜欢表现自己等。

自身优点：公平正义、坚强勇敢、行动迅速、兴趣广泛等。

自身局限：脾气急躁、固执己见、欠缺自律、喜欢斗争等。

培育目标：锻炼领导力，改掉急脾气。

一般情况下，八号性格孩子的父母中肯定会有一个八号性格的。

八号领袖型家长自述：我是一个很有力量的人，当然我也很喜欢有力量的人，但我感觉很少有人能够让我真心地佩服。在管教孩子方面，我是比较直接的，我希望保护孩子也希望孩子听我的！如果孩子不听我的，我会很愤怒！我很不喜欢孩子太懦弱！这个世界就是弱肉强食、狭路相逢勇者胜，我希望孩子能够赶快强大起来！

给家长的建议：家长应反省自己是否对孩子约束太多、管控太强，如果确实如此，应该减少对孩子的管控和约束，给孩子更多自由生长的空间。同时，作为家长，应该知道经常性地对孩子抱怨和发脾气，并不利于孩子身心的发展，应坚持温柔教育的方法和原则。

激励安抚：八号领袖型孩子需要刺激！刺激愈大，动力愈大。他们喜欢挑战，尤其是去完成一些其他小孩觉得困难的事情，因此作为家长，应该经常鼓励他们，告诉他们每一场考试或者比赛都是“一场重要的人生战役”。

亲子教育法：①放手让孩子做自己力所能及的事情，锻炼孩子的忍耐性和持久力；②培养孩子的领导力，但同时也要告诉他们凡事应该以身作则；③培养孩子的责任意识，但要告诉他们不要一味地指挥别人；④教育孩子说话应得体，尽量考虑别人的感受；⑤提升他们的情商，鼓励他们表现出天真、温柔的一面，培养刚柔并济的个性；⑥告诉孩子凡事应该量力而行，减轻压力，提高效率。

善于听取忠告，方能走得更远

八号领袖型人个性刚强、坚毅，遇到困难不会轻易屈服，但是他们做事情也容易刚愎自用，对别人的忠告置之不理。尤其是那些已经成为领导者的八号性格的人，更是觉得自己的决定才是最正确的，听不进去下属的任何建议。由于听不进下属的建议，结果在工作中就会出现“一言堂”的现象，我们都知道，这对于公司或者企业的长期发展是非常不利的。因为每个人的学识和才干都是有限的，即使身为领导也有不足的地方，因此在工作中，不管是八号领袖型的员工还是领导都要多听取同事的意见，以减少自己的盲点。

春秋时期，吴王夫差率领精锐部队进攻越国，越王勾践虽然积极迎敌，但终因寡不敌众而失败，越王勾践成了俘虏，于是，吴王夫差就把他放在身边做奴仆。重臣伍子胥建议夫差趁机杀掉勾践，永除后患，夫差却被勾践的谄媚、贿赂欺骗，不但没有听取伍子胥的建议，反而将勾践放回了越国，勾践回国后就开始发展自己的实力，不久勾践又将美女西施献给了夫差，以表“忠心”。勾践送美女给夫差并不是想讨好他，而是想让夫差从此沉溺于酒色之中，夫差果然中计。

夫差骄奢淫逸，穷兵黩武，为了实现称霸的野心，多次向中原进兵作战。有一次，夫差要北上争霸，伍子胥知道后，就苦苦劝谏夫差不要北上，因为他深知吴国才是越国最主要的敌人，可夫差非但不听还将伍子胥赐死，伍子胥死了以后，吴国太子也试图劝阻自己的父王夫差不要北上，但夫差仍旧不听劝阻，且把太子骂退。夫差听不进任何人的规劝，最终还是率领国中的精锐部队北上远征，等到夫差离开吴国以后，越王勾践就举倾国之力袭击了吴国，并占领了吴国的大片土地，后来勾践又与夫差的主力进行了决战，将夫差逼得自杀。

很多人在取得一定的成就后，就会志得意满，听不进任何人的劝告，如同文中的夫差。而八号领袖型人在某种程度上也具有这种不良的倾向，他们往往刚愎自用，自以为是，坚持己见，听不进任何人的任何劝诫，但我们应该知道，这样的做法往往会阻碍事业的发展，甚至会导致他们最终的失败。八号领袖型人天生就具有领导范，无论是在工作中还是在生活中，都会非常有主见，但领袖型人也必须要明白，坚持自己的意见，不人云亦云是正确的，但也应该多听听他人的意见，要试着从别人的意见中找到更好的方法，更新和纠正自己的做法。

善于倾听是一种魅力。作为一个领导者，如果能够做到善于倾听，广开言路，则会给人留下很好的印象。“忠言逆耳利于行”“良药苦口利于病”，这些句子不都是在劝诫我们，应该广开言路、集思广益吗?

知晓自己，看透他人——谁是八号领袖型

下面是八号领袖型人的一些常见表现，你可以看看身边的人是否具有以下特征：

1. 在别人眼中，是勇敢的人；
2. 有很坚强的自制力，而且相信自己将战无不胜；
3. 将为别人打抱不平作为自己的分内之事，喜欢公平和正义；
4. 通常会用比较强硬的态度与人沟通和交流；
5. 追求真实，讨厌虚伪；
6. 愿意看到别人努力，并且愿意激励别人成长；
7. 喜欢带领大家一起向目标前进；
8. 喜欢被人尊重；

9. 喜欢自己做决定，不喜欢听取别人的意见；

10. 遇到困难后，会迎难而上而不是选择退缩；

11. 说话喜欢直奔主题，讨厌拐弯抹角；

12. 生命之中永远没有“困难”二字；

13. 在工作中竭尽全力；

14. 时常激励别人，保护弱小者；

15. 会用心照顾自己身边的人；

16. 做事干脆利落，绝不拖泥带水；

17. 希望自己做出的决定，别人可以无条件地执行；

18. 有着坚强不屈的挑战精神，信奉“爱拼才会赢”；

19. 讨厌被控制，渴望由自己来控制大局；

20. 自信、坚强，行动力很强。

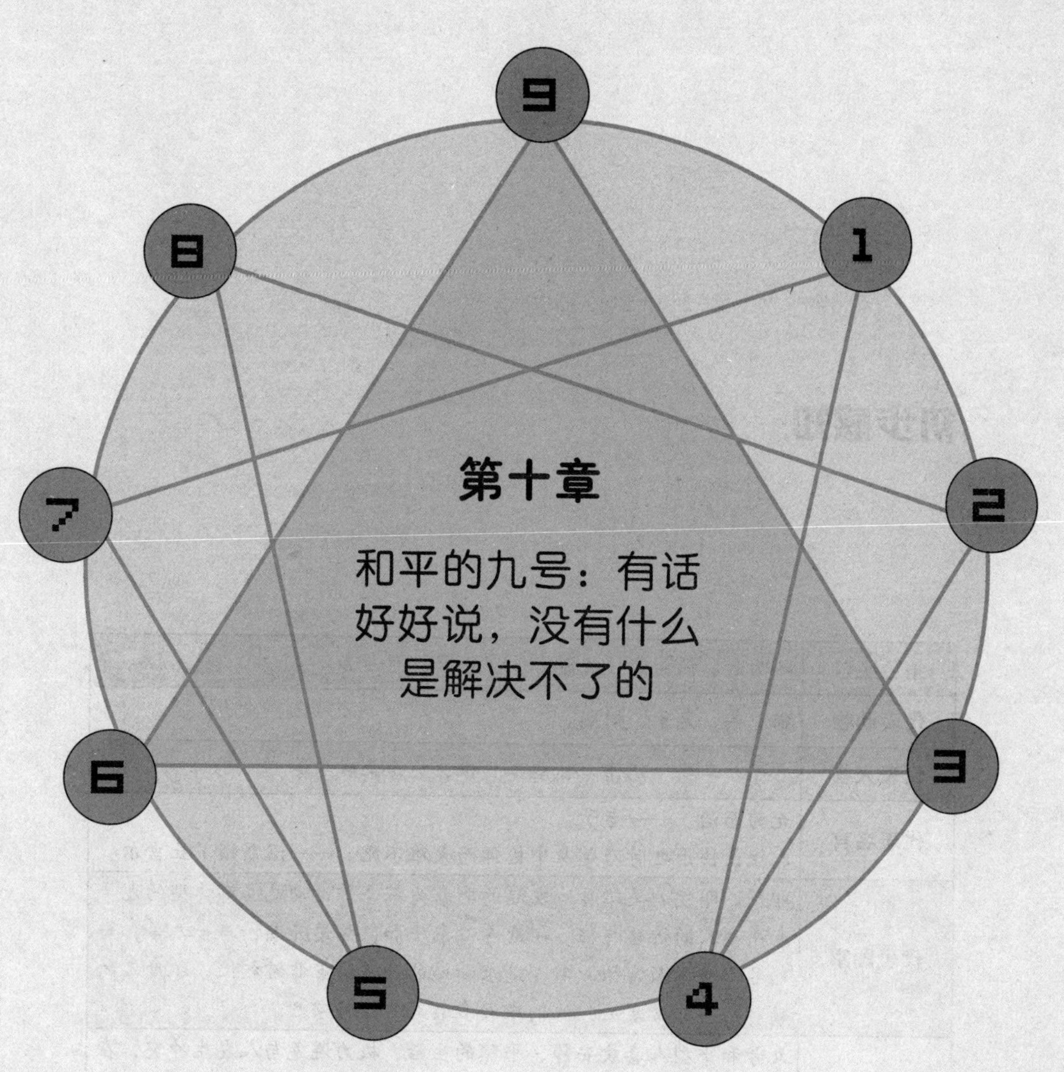

第十章

和平的九号：有话好好说，没有什么是解决不了的

初步感知

角色定位	聆听者、调停者、抚慰者、空想家、疗救者。
代表动物	猫、羊、兔子、树懒。
代表人物	老子、李安、范伟、甘地、里根、艾森豪威尔等。
代表名言	无为而治。——老子 人生最快乐之时乃是身中枪弹而大难不死。——温斯顿·丘吉尔
代表国家	印度。印度的圣雄甘地发起的非暴力不合作运动就具有典型的九号和平型人的性格特征。印度人心态平和，热情开朗，与世无争，与九号和平型人害怕冲突，追求和谐的性格特点非常相像。印度人的精神世界非常富足，他们中大多数人都信仰宗教。
主要特征	九号和平型人喜欢安静、平稳的生活，极力避免与人发生冲突，在他们的眼里，凡事最好大事化小，小事化了。他们重感情，对自己的家人和朋友非常爱护，善于听取每一个人的意见，但往往不知道自己想要的是什么。通常情况下，他们是以一种温文尔雅的形象出现在人们的面前。

性格特征——整体认识九号和平型

九号和平型人是典型的和事佬，他们不喜欢争斗和冲突，追求安静和祥和，对身边的一切都没有任何的要求，只要能够处在一个相对稳定和谐的环境中就很满足了，这种无欲无求的性格使他们常常成为团队中的协调者。当然，他们也可以充分发挥自己平和、稳定的性格优势将周围的人都聚集起来，但我们也应该知道，九号和平型人没有太强的目标感，做事比较拖拉，效率低，如果他们能有一个清晰的目标或者计划的话，或许可以做得更好。

我在 25 岁研究生毕业那年开始做老师，到目前为止，已经在这所学校工作了十五年，我从未想过更换工作，我觉得这份工作非常适合我；我也是一个很容易满足的人，没有太大的野心。在课堂上，我可以非常耐心地为学生讲解知识，学生也可以慢慢地去学。我从不急躁，尤其是在工作方面，因为我坚信“慢工出细活”，凡事都应该一步一个脚印来，心急吃不了热豆腐。我对生活没有太高的要求，平安和稳定就是最大的幸福，平平淡淡、安安稳稳，生活不就是应该如此吗？我最在乎的还是家庭，我愿意去关爱自己的家人和朋友，也愿意帮他们解决问题；即使有时候，我对他们的请求无能为力，但我也不会直接拒绝，我怕会伤害到他们。

我比较善于控制自己的情绪，所以身边的人都觉得我是一个温和的人。确实，我真的不喜欢争斗，尤其是办公室里面那些尔虞我诈、钩心斗角的事情是我不能忍受的，我觉得，既然大家能够相识相知就是一种缘分，应该彼此珍惜，为了一点点小事而争得面红耳赤，根本没有必要。

这是来自一个九号和平型人的自述。九号性格的人喜欢安逸的生活环境，没有太大的欲望，是很容易满足的人。他们不善于拒绝别人，畏惧选择，在与别人相处的时候，他们会极力避免与别人发生对抗；他们好像对什么事情都感兴趣，但又好像对什么事情都不感兴趣。如果遇到强大的压力，他们通常会选择逃避，从这一点上来说，他们又会显得缺乏担当。下面我们来简单了解一下九号和平型人的性格特征。

九号和平型人喜欢遵循自己平日里的习惯和例行的方式去过自己的小日子，追求平稳安静的生活，不希望生活中出现特别大的起伏，一旦生活中遇到突如其来的问题，他们就会显得手足无措，不知道如何应对。九号性格的人非常善于控制自己的情绪，很少会发脾气，极力与周围的亲人、朋友和同事保持稳定和谐的关系，有时候，为了帮助朋友，他们可能会牺牲自己的利益，因此，周围的人都希望与他们做朋友，而且由于他们善于倾听，所以时常被朋友当作倾诉的对象。但他们不善于做抉择，如果有人邀请他们做裁判，他们通常会本能地拒绝，因为九号性格的人知道，自己不管倾向于谁，都会得罪另一个人，所以干脆选择保持沉默，不参与就谁也不会得罪了。

九号性格者是乐天知命的人，非常容易满足，没有太大的追求，他们不喜欢更换工作，即使做行政文员他们也可以做上好多年。在工作中，当别人积极进取的时候，他们会安慰自己："这样安稳的生活正是自己想要的，不必争来争去的。"他们也没有明确的目标、计划和时间观念，为了帮助他人，他们可以无视自己的计划和安排，在他们看来，只要可以过上安稳舒心的生活，委屈自己一下又有什么关系？所以，他们常常会把自己的情感巧妙地隐藏起来，而去迁就别人。

童年生活——九号和平型性格形成

内心情感

基本恐惧	害怕争吵。
基本欲望	拥有平稳、和谐的生活。
基本忧虑	怕自己不和善，得不到别人的爱。
潜在恐惧	被人群疏远和孤立。
潜在渴望	与别人和平相处，不起冲突。
潜在情绪	逃避、自贬、麻木、愤怒。
世界观	“忍一时风平浪静，退一步海阔天空”；我是一个普通人，只要能跟大家和谐相处，就很好。
行为动机	不争名夺利；希望跟他人和平相处，害怕发生冲突；性格随和，给人没有个性的感觉。
注意力焦点	我需要怎么做，才能避免冲突。
强迫性行为	把内在的冲突处理得干干净净，避免自己受伤害。

续表

个人陋习	缺乏主见，优柔寡断；压抑愤怒；忽视自我。
性格倾向	温和、乐观，善于倾听；有忍耐性和包容力；看淡名利；向往和谐，避免冲突；顺从、被动；懒散、行事迟缓、优柔寡断。

九号和平型性格人的童年生活中有一个共同点就是，家里的人总是不能把他们放在一个重要的位置上来对待，没有人能够听取和接纳他们的意见，即便他们用发怒来表达自己的不满，还是无法得到应有的尊重和理解。于是渐渐地，九号性格的人就会试着远离这个家庭，不再发表任何的意见，即使有意见也会选择保留。

我有一个哥哥、一个姐姐，我是家里面最小的孩子，不知道为什么，别人家最小的孩子都能得到父母以及哥哥和姐姐的宠爱，而我却不能，我感觉自己在这个家里没有任何的发言权，我什么事情都必须听他们的，就算是买一件衣服或一个书包，抑或说买一支自动铅笔，我都必须按照他们的要求来。我不能决定自己的喜好，有时候我很愤怒，我告诉他们不要限制我的自由，可是他们总是以各种各样的理由拒绝我，而且他们说的总是非常有道理，让我无法拒绝。于是渐渐地，我也不愿意与他们争论了，就按照他们的要求来吧，有时候如果他们买的东西确实让我不满意，我就扔在一边，不穿，也不用。

有些九号性格者小时候过得非常幸福，他们想要什么就有什么，他们就十分享受来自父母的关心和照顾，从小他们就知道，只要自己乖乖的，就可以享受到来自父母无限的爱，于是，他们就极力表现得非常顺从。为了博得父母的欢心，他们开始压抑自己的需求，把自己塑造成“乖乖牌”的形象，久而久之，他们就会丧失作为一个人的自主性和独立性，凡事都以父母的标准为标准。许多九号和平型性格的人说自己的童年过得还算不错，不过，情况也并非都是如此，他们也可能生活在一个充满斗争和冲突的家庭环境中，比如父母关系非常不好，整日争吵，为了缓和父母之间的

关系，他们常常要扮演调解人的角色，周旋于父母之间。有时候，为了避免因为自己而引起父母的争吵，九号和平型人会减少自己对父母的要求，比如，金钱、时间和陪伴，他们试着隐藏自己，后退到安全的地带。

小时候，家里非常贫困，每当新学期开学或者学校要交钱买资料的时候，我就会发愁。母亲希望我读书，父亲却认为女孩子读书没有什么用，于是每当我因为读书而伸手向他们要钱的时候，他们就会大吵一架，有时甚至会打架。于是渐渐地，我就不愿意跟他们要钱了，有时学校没有要求每个学生必须要买的资料，我就不买，如果一定要买，那我宁愿捡垃圾换钱也不愿意伸手跟他们要，我不愿意看见他们因为我而争吵，更不希望看见母亲的眼泪。

在不太和谐的家庭环境中，童年时期的九号和平型人就已经学会了压抑自己的欲望，他们学会了适应和接受生活赋予他们的一切，不管是好的还是坏的，他们不愿意问自己需要什么，也不愿意表达自己需要什么。与此同时，他们也学会了封闭自己，不再表露任何的情感、发表任何的意见。

心理咨询——九号和平型人的闪光点和不足

闪光点：公正的调停者；易相处，人缘好；处事沉稳、冷静；谦虚朴实；不搞对抗。

李琳是一名公司职员，在公司里主要从事行政方面的工作。李琳性格好，人缘也非常好，大家都喜欢与她聊天，不管公司里谁遇到了困难都会找她说一说，有时候，她能给出合理的建议和帮助，有时候她也爱莫能助。不过，这都没有关系，大家觉得跟她随便唠上几句，跑跑心里的怨气也就挺舒服了，所以她一度成了公司里的“知心姐姐”。

李琳的处事原则是——“万事以和为贵”。当初，公司老板决定聘用她做行政，也主要是因为她说出了这几个字，毕竟，作为一个行政人员，日常的工作就是与各部门之间相互沟通和联系，而她的这种性格无疑是非常适合做行政的。李琳也是一个很会生活的人，她经常说的一句话是：人活着就得有点情趣，赚钱不也是为了生活吗？每到星期天，她就会关掉手机，安静地享受着属于自己的美好时光。她家的客厅里有一个超大屏幕的液晶电视和一个超级柔软、舒服的沙发，一有空，她就会躺在沙发上，一边吃着美味的食物，一边观看电视节目。对于她来说，这才是真正的生活。

九号性格的人非常看重人际关系，因此人缘非常好。一旦有人需要帮忙，他们总会挺身而出，如果自己的事情和别人的事情发生冲突，他们也会先去帮助别人解决问题，他们总能给人留下热心肠的好印象。我们都知道，并不是每一个人都可以充当矛盾中的调解者这一角色的，但因为九号和平型人善解人意，能够认真倾听他人的观点，为人公正，所以他们总是能扮演好和事佬这个角色。另外，他们拥有旷达乐观的生活态度，不愿意追名逐利，看淡得失，无欲无求，所以在这个争名夺利的社会中，他们总是会有更多的时间享受属于自己的生活。

九号性格的人还善于控制自己的情绪，一般不会发脾气，所以跟他们在一起会比较舒服和随意。而且当你遇到问题时，他们往往可以给你强有力的支持，他们有很强的宽容心，只要不去挑战他们的底线，他们一般不会生气。

不足：没有主见，不会拒绝人；犹豫不决，优柔寡断；懒惰，缺少行动力；逃避，害怕冲突；自我迷失。

何磊是一个九号和平型人，他说：“自己的另一半应该是一个和自己性格互补的人，否则，坚决不交往。”为什么他要找一个和自己性格互补的人呢？因为他非常清楚自己作为九号和平型性格人的不足之处——被动、懒散、消极。因此，他希望能找到一个可以时刻鼓励和帮助自己成长的伴侣。

曾经也有人给他介绍过一个女孩子，刚开始，女孩子还挺主动的，可是当她对何磊深入了解之后，发现何磊这个男人竟然没有一点事业心，而且已在目前的工作岗位上干六年了，仍然没有要被提拔的迹象。知道这之后，女孩果断与何磊断绝了关系，因为这件事，何磊大受打击，从此对恋爱和结婚再也提不起兴趣了。其实，何磊这人性格很好，在公司里面没有太多的话，无论谁喊他做事，他都二话不说就去做，有时候他自己的工作还没有做完，别人一说请他帮忙，他也立刻就去了，算得上是一个大好人。可公司里面的女同事对他的评价是：人是挺好的，就是太没个性，没有主见。

九号性格的人遇到困难就逃避，害怕承担责任，他们常常自我麻痹说："遇到困难是正常的事情，过一段时间就好了。"他们身上有着明显的阿Q精神，有时候，为了获得和平，他们也常常委屈自己，并自我安慰说："大家好才是真的好。"但他们缺乏判断力，害怕做选择，害怕自己的选择会伤害到周围的人，做事总是瞻前顾后、优柔寡断、拖泥带水，如果你让他们把买的东西退回去，他们会觉得很为难，原因是不想让别人不高兴。

另外，明确的目标对于他们来说更是不敢奢求的，他们的思维非常发散，做事不分主次，很难把注意力集中到一点上来，所以经常会被一些小事情困扰，从而浪费了宝贵的时间。他们对名誉、金钱等也没有强烈的追求，在工作中比较被动，对于工作，他们有时候会表现得非常懒散，没有主动进取的精神以及坚持不懈的毅力，他们有着随遇而安、得过且过的思想，所以很难成就一番大业。

沟通技巧——如何与九号和平型人和谐相处

知人先知面

身体语言	放松、随意，给人柔软无力的感觉；动作、表情非常慢。
讲话方式	语速平缓，语调懒散；不掌握谈话主导权，不喜欢发表意见；立场不坚定，模棱两可。
常用词汇	你说呢；随缘喽；你来定吧；不要那么认真嘛等。
面部表情	柔和，真诚，有点天真；不喜发怒，经常露出善意的微笑；男性表情憨厚，女性表情亲切。
外貌特征	和蔼、善良、可爱。
着装特征	衣着朴素大方，喜欢穿宽松、舒适的衣服，不喜欢穿太扎眼的衣服。

九号性格者是九型人格中最好打交道的一类人，他们具有非常好的包容力和亲和力，与他们相处起来，不会有太大的压力，他们总是会适时地

根据不同性格的人的不同表现来调整自己，以适应对方的需要。九号性格者容易相处，但并不代表我们就可以在他们面前肆无忌惮，与他们相处的时候，我们也应该掌握一定的技巧。

石凯是一个典型的选择恐惧症人，每次跟朋友一起吃饭都不表示自己的喜好，当朋友问他吃什么的时候，他总是说："你来选吧，什么都行。"有时候，朋友还会接着问："不然我们去吃烤鸭？"石凯说："可以呀。"等朋友看了一会儿菜单后又说："要不咱们去吃川菜吧，激发激发味蕾？"此时，石凯依旧平淡地说："也不错。"反正不管朋友怎么问，他总是很难说出自己的意见，有时候，朋友还会说："要不然，你来说，我听你的。"这时，石凯通常会说："咱们随便吃点就行。"

九号和平型人最怕的就是做决定，因此与他们相处的时候，要给他们一个清晰而明确的目标，让他们按着这个目标前进，千万不要抛给他们一个空而大的想法。在工作上，我们也要试着理解九号和平型人，不是他们不愿意做选择，是他们的性格使然。当然，如果时间充裕的话，我们也可以试着帮助九号和平型人分析事情的整个过程，协助他们做出一个正确的决定，但千万不要催促他们。在与他们相处的时候，要多说一些积极的、充满正能量的话语，因为九号性格的人是非常敏感的，一旦他们对人或者环境产生怀疑，就会产生退缩的心理，从而影响到彼此之间的关系。

九号和平型人是胸怀宽广的人，他们善于控制自己的情绪，一般不会对别人有太大的情绪反应，除非对方真的触碰到了他们的底线。因此，在与九号性格人相处的时候，尽量不要与其发生争吵，如果朋友能对他们以诚相待，那么他们肯定会成为可以依靠的知心朋友。九号性格者的自我存在感很低，他们常常会忽略自己而关注别人，这跟他们从小的经历有很大的关系，因此与他们相处的时候，要适时地赞美和认同他们，只有这样，才能让他们认识到自己的重要性以及自身的优点。

此外，他们的注意力比较分散，所以跟他们沟通的时候要学会用提问的方式来帮助他们集中注意力，最好直接说重点或者问他们需要些什么。比如，开会发表意见的时候，他们往往会“迎合”别人而不愿说出自己的想法，如果你想知道他们的意见，不妨在会议结束后找他们单独聊聊，那么他们肯定会很感激你。

温馨提示：

九号喜欢的：称赞他们的善良；能够倾听他们的隐忍和烦恼；理解和体谅他们性格上的不足之处；彼此有真正的友谊，而不是利益关系……

九号厌恶的：给他们太大的压力；欺骗他们的感情；自私自利，不会顾及别人感受；逼迫他们做不愿意做的事情……

职业发展——九号和平型人职场认知

职业规划

适合的工作	教师、护士、咨询师、治疗师、服务人员等。
不适合的工作	销售员、业务员、律师等对抗性强，有紧急时间要求的工作。
适合的环境	平静、无冲突、有固定程序，既可以发展自身能力，又可以帮助他人的和谐环境。
不适合的环境	善变，竞争压力大的工作；需要自我推销，会发生剧烈变化的工作环境也不适合。
工作状态	善于协调团队成员之间的关系，愿意无条件支持别人；喜欢和谐的工作环境，不希望被限制和逼迫着做事；比较冷静，会深入思考问题，不会轻易下结论；态度谦和，对于别人的批评，能够泰然处之。

胡华健今年已经46岁，大学毕业后就在政府部门上班，在这次晋升高层职位前，他已经在处长这个职位上干了好多年。他对金钱和权力没有太大的追求，所以堂堂研究生毕业的他才愿意在这个拿不到高工资，又没有什么实权的位置上一直这么干着，不过好在“多年媳妇熬成婆”，他终于升职了。

在处长这个职位上干的这些年，胡华健非常得民心，所以这次晋升，不管是他的直系上司还是下属，都非常赞同。一个跟了他两年的男孩说：“无论遇到什么问题，胡处长都会征求大家的意见，‘一言堂’的现象在我们这里是看不到的。而且，他还非常照顾下属，一旦工作上遇到了什么事情，他总是抢在我们前面帮我们扛下来，从这一点上来说，他是一个好领导。”在工作上，胡华健不但广泛听取各方面的建议，同时还赋予了下属充分的自由权，拿他自已的话说：“通常情况下，我知道应该朝哪个方向发展，比较擅长制订大的计划，但对于具体情况的实施这方面还是需要有人协助的。”

他的直系领导对他的评价是：“华健是一个冷静而沉稳的人，做事小心谨慎，原则性极强。但是有时候太过优柔寡断、因循守旧了，如果他能尝试着改变一下，未来的他肯定能走得更好。”

九号和平型领导的职场作风

职场中，九号性格的领导会尽量避免与下属发生冲突，所以他们经常妥协，是没有领导架子的领导。他们对自已的下属要求比较低，不愿意过分地为难下属，如果下属交上来的工作确实不能让他们满意，他们通常会自已动手补救。他们总是希望各个部门之间都能健康、和谐、有序地发展，尽量不让部门之间发生矛盾，因此他们提出的决策和制订的计划都比较宽泛，没有具体的实施细节，所以那些需要提供明确指示和计划的人则不适合跟着他们做事。

九号和平型领导在思考问题的时候通常喜欢听取各部门的建议，他们通常会花费很多的时间来权衡比较，这一方面有利于他们做出正确的决策，但从另一个方面来说，又会因为他们的过度思考和优柔寡断而丧失机会。对于新的方向和新出现的问题，九号性格的领导会显得非常犹豫，他们不擅长用新的方法解决新出现的问题，不喜欢冒险，他们比较习惯用一个固定的方法和原则来解决常见的问题。从这个方面来说，他们应该试着提高自己的创新意识和创新能力。

总之，在工作中，九号和平型领导要多给下属一些指导，注意监督工作的流程，在授权下属做事的时候，一定要说重点，让他们知道自己确切需要做什么。当然，在表达自己想法的时候要直接果断，不要优柔寡断。

九号和平型员工的职场作风

九号和平型员工最不喜欢的就是竞争，他们喜欢在有明确的规章制度和原则性强的部门工作，希望在一个公平的环境中获得成长，他们不喜欢过分地表现自己，往往是职场中最不起眼的人。

在团队中，九号和平型的员工很容易受到别人的影响，人云亦云，立场不坚定。但是如果他们能在一个有组织、有纪律、有计划、充满了正能量的团队中工作，他们也可以勇敢地展现自己，表现得非常有创造力。而且他们一旦养成某种习惯，就会一直遵守，不喜欢有太大的变动。从某种程度上说，他们是职场中的忠诚者，但从另一个角度来说，他们又太没上进心，缺乏主动进取的精神。

九号性格的员工是一个矛盾共同体，有时候，他们需要一个强有力的领导者来为自己制定目标，订立计划，自己只需按照要求来就可以了。可有时候，他们又固执地不愿意服从权威，厌恶被逼迫着做事。

销售技巧——如何“捕获”九号和平型客户

王晶莹正在服装店看衣服，她正在盯着一套连衣裙看，这时女服务员走过来说道：“小姐，您可真有眼光，这是今年的新款，卖得非常好，而且我看您的身材也非常好，这条裙子感觉就像给您量身定做的呢。”

王晶莹一边拿着裙子对着镜子在身上比试着，一边说：“这裙子是挺好看的，就是不知道质量怎么样？”她刚说完，女服务员就说：“咱们这是大牌子，肯定不会出现质量上的问题，您如果现在购买，我还可以给您一定的折扣。”王晶莹一听，心里有所触动，可她还是犹豫了一下说道：“是吗？还有折扣？不过，我还想征求一下老公的意见。要不我再试试别的款式？”

女服务员一听王晶莹说推辞的话，就表现得有些不耐烦了，她说：“这条裙子可以给您一定的折扣，别的裙子可不行了，您要想试就试吧。”女服务员一边说一边不情愿地把王晶莹要的另外一条裙子取了下来递给她。王晶莹刚穿上，服务员又高声说："不错，不错，这件也很好看，感觉这件更适合您呢。要不就这件吧，我给您开发票吧，我们快要下班了。"王晶莹一听，赶紧说："等等，我还没有想好呢。"这时，女服务员更加不耐烦了，说："小姐，您倒是买不买啊？都看了这么长时间了，我还等着下班呢。"听到这话，好脾气的王晶莹当即就说："不买了，您下班吧。"

离开这家服装店后，王晶莹又去了另外一家服装店，这家店里的女服务员态度温和，不急不躁，先给王晶莹挑了几款适合她穿的连衣裙，然后说："您先试穿一下，感觉哪一件合适，我们再谈。不过，小姐您的身材高挑，我感觉这款收腰的比较适合您，可以凸显出您纤细的身材。"女服务员说完这些就去整理别的衣服了，王晶莹独自一人在试衣间一件一件地试着裙子，其实她心中早已有了答案，潜意识中也感觉女服务员推荐的那款收腰的衣服非常适合自己，于是，把几套裙子都试穿了一遍后，她还是拿走了那条收腰的裙子。

案例中的王晶莹应该就是九号和平型客户，她们害怕做选择，常常需要别人的指导。面对这样的客户，销售员应该态度温和，不急不躁，悉心指导，耐心等候，千万不要逼着他们做决定，否则只会适得其反，让他们迅速逃离。

那么，在具体的销售过程中，销售员应怎样与九号和平型客户沟通呢？

九号和平型客户在做出消费决定前，总是需要一段时间来思考，因此，作为销售员不要给他们施加压力，尤其不要用咄咄逼人的气势来逼着他们购买，最好的方法是保持一定的距离，给他们充足的思考时间。否则，他们会因为被逼迫而感到有压力，从而想迅速结束谈话。

面对和平型客户，销售员会不自觉地表现得强势，但作为销售员一定要知道，九号和平型客户在不愉快的状态下，会产生逆反心理。如果他们感觉自己得不到应有的尊重，或感觉气氛不和谐，他们会选择逃避，结束谈话。因此与和平型客户交流时，千万不要情绪激烈或话语不友善，与他们交谈的时候，一定要营造出一种轻松、舒适的谈话氛围，以此缓解九号和平型客户在谈话过程中的紧张心理。对于和平型客户来说，越是放松的沟通和交流，越能达成交易。

在销售过程中，如果他们确实无法做出一个选择，销售员也可以根据该客户的具体情况，说出自己的建议，帮助他们做出选择，但千万不要敷衍他们。

每位顾客都不希望自己的命运被销售员掌握，他们都希望能买到自己喜欢的东西，九号和平型客户更是如此。因此，销售员千万不要对他们说："就这件最适合你，买了吧。"销售员应该提供给他们足够多的选项，让他们从中挑选出自己满意的。那样，他们不但不会有压迫感，还会享受到购买的乐趣。

婚恋关系——九号和平型人的情感密码

目标型号

九号的“夫唱妇随”型	一号完美型、二号助人型、五号理智型
九号的“优势互补”型	四号自我型、六号疑惑型、八号领袖型
九号的“动力成长”型	三号成就型、七号活跃型、九号和平型

刘铭是家中的老大，年近四十依然单身，父母和两个妹妹都催促他赶紧找个媳妇，可谁说他不想呢？大学刚毕业的时候，他想着先找份工作吧，自己连个稳定的工作都没有，拿什么谈恋爱？找到了稳定的工作后，他又想，还是先挣钱买房买车吧，难道娶个媳妇让人家睡大街吗？买了房和车后，他又想，拼了这么多年，先享受享受再结婚也不迟……于是，就这样

一年拖一年，到如今快40岁了，还没有找到意中人。

其实，刘铭工作稳定后，父母也帮他张罗过一个女孩，当时刘铭也挺喜欢这个女孩的，事事都依着她，宠着她，两个人之间如果有矛盾，也是刘铭主动站出来缓和矛盾，他本以为这个女孩是自己可以相守一生的伴侣，可天不遂人愿。一次，女孩和他谈到婚后是否和父母住在一起的事情，女孩的意思是不希望与父母生活在一起，而刘铭的意思是父母就他一个儿子，肯定是要住在一起的。于是，两个人因这件事闹起了矛盾，而这次刘铭不愿意让步，两人的关系也就以此告终。

如今的刘铭对待感情抱着一切随缘的态度，父母、朋友或同事帮他安排相亲，他也会去看，当然也是非常认真的，但他已经不再想着必须在什么时候结婚或者生孩子了，他觉得一切就顺其自然吧，该来的总会来的。

刘铭虽然没有成家，但生活作息还是非常规律的。他每天下班就回家，父母若在家，就在家吃饭，如果不在就到几家常去的饭店点两个家常菜，吃完晚饭后，他就回家看看电视、上上网，十一点准时上床休息。每到周六，两个妹妹都会带着小孩来家里玩，他有时也会与小孩玩成一团，家里人也都看得出来，他其实也想拥有一个属于自己的家庭。

两性关系中的九号和平型人

在两性关系中，九号和平型人温柔亲切，具有包容心，非常尊重爱人，会顺从爱人的意愿，把爱人当成自己生活中不可或缺的一部分。他们愿意在爱人身上花费大量的心思，所以就算是分手，也常常忘不了对方。

九号和平型人性情沉稳，不爱发脾气，是大好人，与他们生活在一起，爱人会有十足的安全感，如果爱人发脾气，他们也总是会用自己的好脾气耐心地开导爱人。另外，生活上的安闲和舒适是九号和平型人非常看重的，他们不喜欢有太大的压力，无论是工作上的还是生活上的，因此与他们生活在一起，爱人也不会有任何的压力，他们总是能带着爱人一起享受“慢生活”，这在如今这个快节奏的社会里是非常难得的。

九号和平型人最不喜欢的就是与爱人之间发生冲突，为了避免产生矛盾，他们会尽量配合爱人的生活方式，如果他们觉得另一半值得自己付出，他们也非常愿意改变自己适应另一半。他们对家庭非常重视，当爱人需要他们的时候，他们肯定会不离不弃。九号和平型人也有自己的浪漫，他们有着很高的生活情调，懂得种花养草，放松自己。在家庭中，性情温和的他们表达浪漫的方式就是主动帮助爱人做家务，让爱人得到休息。

不管是在爱情里抑或婚姻关系中，九号和平型人都不希望经受太多的波折，当他们在感情的世界中遇到压力时，通常会选择逃避。有时候，他们甚至会为了避免冲突而放弃自己的爱情。

九号很“温柔”，可有时却让爱人……

无论做什么事情，九号和平型人都会表现得犹豫不决。在感情的世界中，九号和平型人更是没有主见，不敢表达自己。在一段关系中，如果九号和平型人一味地优柔寡断，不能勇敢地表达爱情，对方肯定会因为无法知道他们的心意而伤心离开。

在两性关系中，即使是爱人有错误的地方，九号和平型人也不愿意直接说出自己的不满，他们总是采取消极的态度进行抗议，这对于爱人来说，无异于是“没有硝烟的战争”。很多时候，他们也会顺着爱人的意思来，爱人让做什么就做什么，不让做什么就不做什么，如果长时间生活在一起，爱人就会觉得这样的人很乏味，没有意思。如果九号性格的人与爱人之间有了矛盾，他们通常会想着“大事化小，小事化了”，而不愿意主动去解决矛盾，他们总以为过一段时间就好了。对待小的矛盾，这种“退一步海阔天空”的方法应该可以，但对于大的矛盾，如果不及时解决，很可能会累积出更大的矛盾。

九号和平型人总是不能兑现自己的承诺，有很强的拖延症，他们总是说“等一下”“再说吧”。他们拖延着时间，不去解决实际的困难，有时候拖到最后，还是不能拿出有效的解决方法，与他们生活在一起，爱人总是会感觉到没有依靠。

如何让九号和平型人更爱你

尽量多看他们好的一面，不妨多赞美他们帮你完成的事情。要知道，九号和平型人害怕指责和压力，但如果面对太大的压力和指责时，他们也会反抗和恼怒哦，如果爱人能够看到他们好的一面，多加赞美，那么他们会越变越好的。

九号和平型人因为好脾气可能会常常被忽略，有时候并不是他们没有想法和意见，只是他们不善于表达，因此作为爱人可以鼓励和帮助他们争取更多的表现自我的机会。要知道，亲密爱人的理解和支持才是他们最大的动力，千万不要给他们太多的压力，不要逼迫他们做事情，如果你确实需要他们做决定，请给他们充足的时间进行思考。当然，你也可以帮助他们做出决定，然后再征求他们的意见，此时，九号和平型人肯定会因为你对他们的了解而更加爱你。

九号和平型人常常忽略自己，更多的是关注别人，因此，作为爱人应该告诉他们应该多为自己考虑一下，不要总是把精力放在他人或者外物上面。当然，与九号和平型人相处的时候，一定不要把自己的要求和期望总挂在嘴边，要知道，他们本身就是会为他人考虑的人，如果爱人不断地重复要求和抱怨，九号就会感觉压力重重，从而产生逆反心理。

九号和平型人是非常敏感的，他们向往安静祥和的生活，因此，与他们相处的时候，一定要注意说话的方式，尽量用平缓的语气来表达自己的内容。如果爱人是个温柔、善解人意的人，那么他们肯定会回报以更多的爱。

亲子教育——如何教育九号和平型孩子

正确认识九号和平型孩子

性格特征： 性情随和，易相处，极少发脾气；没有主见，易受人影响；优柔寡断，节奏缓慢，缺乏行动力；逃避现实；内心敏感，易受伤；不善表达；害怕冲突和竞争；面对压力会变得固执和冲动。

自身优点： 性情温和、喜欢舒适、不爱争执、个性忍让。

自身局限： 懒散懈怠、没有主见、优柔寡断、不善决断。

培养目标： 培养决断力和自主意识，帮助他们树立高目标，克服依赖性。

一般情况下，九号性格孩子的父母中肯定会有一个九号性格的。

九号和平型家长自述： 我是一个随和的人，希望拥有和谐的人际关系，你好，我好，大家好！我希望给孩子一个和谐的家庭氛围，我也很容易看到孩子的优点！在培养孩子方面，我更喜欢顺其自然！我认为家长要善于发现孩子的优点和兴趣，有耐心地引导，并大力支持孩子，孩子一定会成为人才。

给家长的建议：家长想要教育和培养九号和平型的孩子，应该先改变自己一切顺其自然的思想，然后再改变教育方法中一切随大流的教育方法。同时，父母应告诉孩子，人生不应该庸庸碌碌，要有大方向，树立大目标，并愿意为实现这个目标拼尽全力。

激励安抚：即将考试，九号性格的孩子也不会表现出紧张、焦虑和不安的情绪，但这并不表示他们不紧张，其实他们的内心一点都不淡定。作为父母应该温和地告诉他们："平常心就好！就当作在家里写作业。"当他们以一种放松的状态进入考场的时候，他们的潜力或许能更好地发挥出来。

亲子教育法：①培养孩子的自主决断力和自主意识，告诉他们不要人云亦云，做自己最好；②经常性地认同孩子的想法和感受，鼓励孩子表达自己，让他们明白自尊的重要性；③鼓励孩子多参加一些社会活动，提高孩子的行动力和参与意识；④协助孩子制定一个清晰明确的目标，让他们认识到目标的重要性；⑤适当放手，不要对孩子有太多的约束和管制，帮助他们克服依赖性；⑥不要对孩子有过多的指责和批评，他们需要更多的鼓励和相信。

比谋划更重要的是决断力

九号和平型人善于听取意见，这是他们性格当中的一大亮点。一个人善于听取来自各方的意见和建议，这能体现出他的胸怀、胆识和魄力，但我们也应该知道，一个人听取意见后，及时得出结论，做出判断才最重要。听取意见的目的不就是想要做出决断吗？可九号性格人生命中最大的缺陷就是缺乏主见和决断力。

其实，有时候，他们并不是没有好的想法，只是害怕自己提出的建议与别人的建议发生冲突，彼此间会产生矛盾。要知道，他们不但害怕决策，更害怕斗争和不和谐，害怕自己犯错。难道害怕不和谐、害怕做决断、害怕犯错，我们就不用做什么了吗？不做决断，天下就太平了吗？不做决断，就一定不会犯错吗？未必如此。

三国时期，袁绍的麾下谋士如云，战将如林，其实力在诸侯中首屈一指，被公认为是最有实力问鼎天下的一个人，但袁绍却没有将自己的才能和实力充分地发挥出来，成为时代的英雄。为什么呢？主要是因为袁绍“多谋少决”，缺乏主见和判断力。而对于一个想要干大事的人来说，缺乏决断力则是其致命的弱点。

官渡之战中，谋士许攸曾向袁绍献计说：“曹操屯军官渡，与我相持已久，许昌必空虚，若令一军星夜掩袭许昌，则许昌可拔，而曹操可擒也，今曹操粮草已尽，正可乘机会，两路击之。”袁绍当时顾及曹操此人诡计多端，所以犹豫不决，没有及时采纳许攸的建议，以致贻误了战机，导致此战失败。试想，如果袁绍能够当机立断，及时采纳许攸的建议，那么其结果可能如曹操所说：“若袁绍用子言，吾事败矣。”可见，当断不断，乍看起来似乎稳健，实际却潜伏了更大的危机。

深谋远虑很重要，拥有决断力更重要。这个世界很多事情最难的不在于没有选择，而在于不知道该如何选择、如何决断。人在选择面前，都是懦弱的，对于未来想要成就一番事业的人来说，做事优柔寡断、犹豫不决都是不可取的。对于九号和平型人来说，做事优柔寡断、犹豫不决更是他们必须克服掉的毛病，在日常的生活中，九号和平型人应该试着提高和培养自己的决断力。首先，调整好自己的心态，相信自己的判断是正确的；其次，学会用长远的目光和分析的方法来看待问题；再次，多看一些名人励志书籍，在文字中体会决策力对成功人士的影响；最后，从日常的小事中培养自己的决断力等。

任何行为和习惯的养成都不是一蹴而就的事情，提高自身的决断力也是如此。九号和平型人应该有耐心和毅力，相信自己可以做到，也可以做得更好。上面的方法不仅适用于九号和平型人，也适用于每一个缺少决断力的人。

知晓自己，看透他人——谁是九号和平型

下面是九号和平型人的一些常见表现，你可以看看身边的人是否具有以下特征：

1. 对金钱、荣誉和名利等身外之物没有太大的兴趣；
2. 不会拒绝别人的请求，经常因为他人的事情而分散自己的精力；
3. 不善于对事情的主次进行排序；
4. 偶尔也会发怒，但大都是在无意识的时候；
5. 难以抉择，被大家认为是优柔寡断的人；
6. 做事情不会争分夺秒，相信时间会解决一切；
7. 喜欢按照平时的习惯和例行的方式去生活，不习惯变化；
8. 常常把自己的需求放在一边，而去满足别人的需求；

9. 喜欢与世无争的生活，不喜欢有冲突和竞争；

10. 朋友们都愿意与其分享心事，是很好的听众；

11. 没有太多的想法，喜欢追随他人；

12. 性格沉稳、内敛，很少生气；

13. 希望每天都可以在大自然中解放自己的心灵；

14. 不喜欢命令别人，但也反感被别人呼来喝去；

15. 希望能够兼顾多面，所以很难对一些有争议的事情提出自己的看法；

16. 对人友善，是有包容心和忍耐力的人；

17. 善于接纳别人，一般不会对别人妄加评议；

18. 朋友们与他在一起会感觉到心情放松，没有压力；

19. 遇到困难和压力的时候，通常会选择逃避；

20. 是团队中的“和事佬”和“好好先生”。

第十一章 九型人格之相互学习

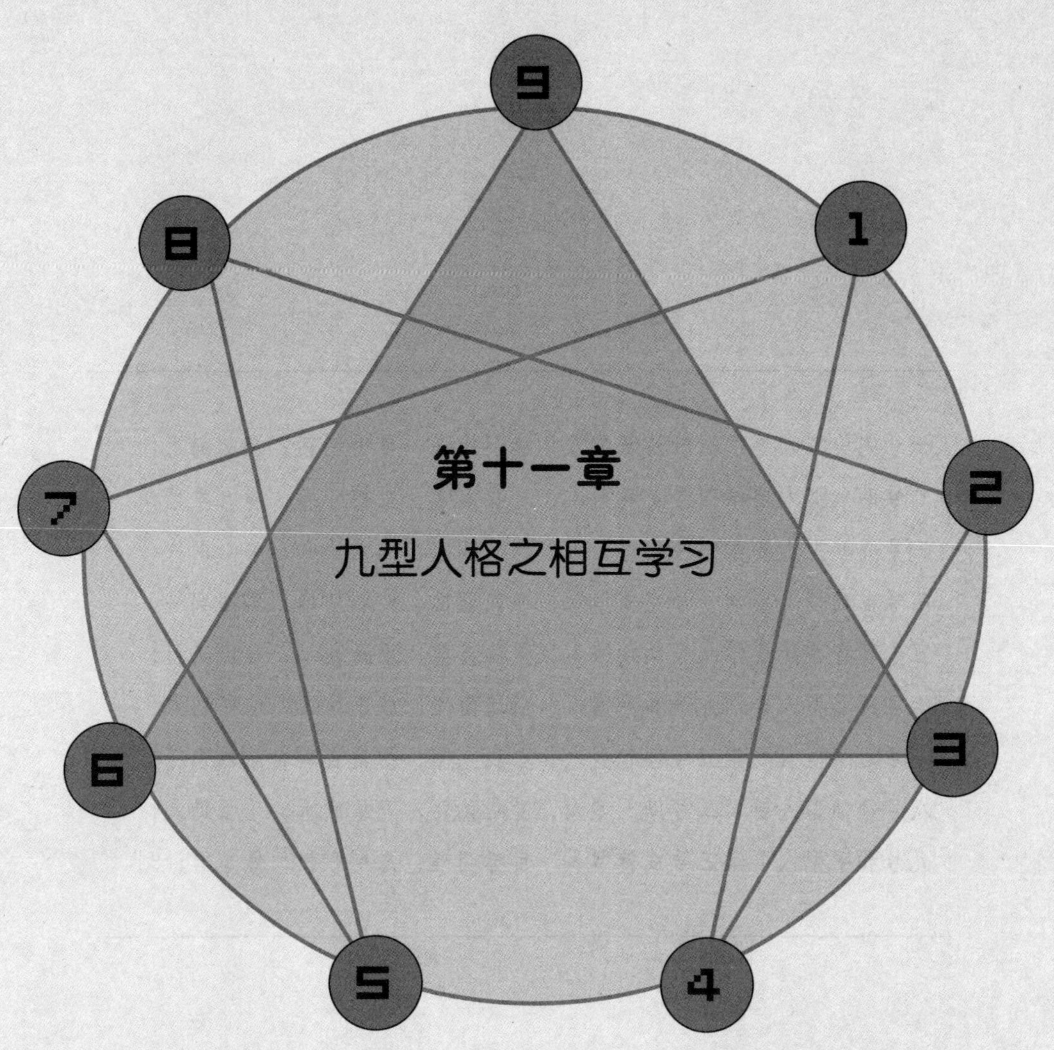

一号完美型人要学七号活跃型人，放下拘谨，勇于创新，接受别人；
二号助人型人要学四号自我型人，自我探索，坚持心愿，爱人爱己；
三号成就型人要学六号疑惑型人，忠诚踏实，尽责小心，关心别人；
四号自我型人要学一号完美型人，冷静理性，控制情绪，脚踏实地；
五号理智型人要学八号领袖型人，勇往直前，果断行动，言出必行；
六号疑惑型人要学九号和平型人，随遇而安，放下焦虑，信任别人；
七号活跃型人要学五号理智型人，自我克制，搜集资料，深入思考；
八号领袖型人要学二号助人型人，爱心关怀，开放倾听，乐于助人；
九号和平型人要学三号成就型人，目标明确，态度积极，做事有计划。

九型人格之发展层级

一号完美型层级划分

层级	行为表现
健康	是非分明、正直无私，有强烈的责任感；自律性强，判断力高；讲原则，追求完美；积极向上，高瞻远瞩；极具同情心，有高尚的美德，是道德的楷模。
一般	坚持己见，期望改变一切；做事条理分明，但缺少人情味；害怕犯错；爱批评、挑剔、纠正别人；非黑即白，不妥协；在感情上比较拘束，压抑自己。
不健康	自以为是，心胸狭窄；为了表明自己是对的，一定要证明别人是错的；对于别人的错误常揪住不放；狡辩，伪君子，心口不一；自我惩罚，严重抑郁。

二号助人型层级划分

层级	行为表现
健康	富有同情心，乐于助人；总是赞赏和鼓励他人；慷慨无私，给予别人无条件的爱；性格谦逊，品德高尚；将心比心，总是为别人着想。
一般	过分热心，取悦别人；过分亲密，好管闲事；需要被人认可，觉得自己不可缺少；以爱的名义控制别人，占有欲强；以恩人自居，骄傲自大，蛮横无理。
不健康	抱怨连连、愤懑不平；利用别人的弱点去贬损别人；以自我为中心，自欺欺人，极具攻击性；认为过去的付出应得到回报，否则就变得专横跋扈。

三号成就型层级划分

层级	行为表现
健康	自信心极强；生活有节制，精力充沛，充满活力；形象完美，十分有魅力；温和体贴，真诚爽直；目标明确，理想远大；成就出众。
一般	事事要超越别人，凡事都要求最好；注重个人声望；实用主义者，目标感强，但有时会工于心计，薄情寡义；重视形象，注重包装；自命不凡，喜欢出风头。
不健康	嫉妒心重，使用手段保护自己的形象；自欺欺人，不愿低头；为了成功，做出不道德的事；机会主义者，利用他人，有时会伤害或背叛他人。

四号自我型层级划分

层级	行为表现
健康	内省而自觉；有同情心，机智谨慎，尊重他人；情感真挚，真实可信，忠于自己；风趣幽默，有时会自我表现；喜欢美的东西，有非凡的创造力。
一般	有浪漫的艺术态度；刻意与外界保持距离；感情上极度敏感，有时喜怒无常；自我感觉与众不同，有时会目中无人；放纵自我，沉迷幻想，不切实际。
不健康	对生活感到失望，严重沮丧；远离周围人，并产生抑郁的心理；极度疲劳，精神困惑；自卑、自责、多疑，陷入绝望深渊，甚至会自杀。

五号理智型层级划分

层级	行为表现
健康	机智灵敏，好奇心强；拥有超凡的观察力和理解力；热爱学习，渴望获得新知识；有远见和创新精神；感情充沛，有同情心；能成为无畏的发现者和探索家。
一般	脱离实际，置身于想象之中；对感兴趣的事非常用心，对其他方面则漫不经心；喜欢古怪而神秘的东西；保护自我，抗拒情感介入；好争论，冷嘲热讽。
不健康	逃避、脱离人群和现实；脾气古怪，精神不稳定；多疑，精神紧张，严重抑郁；易怒，脾气暴躁；对人充满敌意，恶言恶语。

六号疑惑型层级划分

层级	行为表现
健康	亲切友善，无私奉献，有合作精神；忠诚可靠，值得信赖；勤奋节俭，积极主动，锲而不舍，精益求精；有非凡的领导力和创造力。
一般	怀疑自己，害怕做决定，多疑而充满矛盾；过分承诺，压力太大；依附权威，寻求支持；充满焦虑，优柔寡断；信心不足，消极反抗；脾气暴躁，顽固保守。
不健康	忧心忡忡，缺乏安全感；自觉卑微，过度依赖，夸大问题；极度焦虑，依赖药物减轻焦虑；极度偏执，心胸狭窄；攻击别人，自我毁灭和惩罚。

七号活跃型层级划分

层级	行为表现
健康	乐观开朗，精力充沛；头脑敏捷，有强烈的好奇心；多才多艺，有望取得大成就；敢于冒险，富有实干精神；真诚率真，适应性很强。
一般	焦虑不安，担心生活太无聊；不停地寻找新的快乐，缺乏专注；没有计划和原则，随心所欲；为人轻浮，爱炫耀；挥霍无度，铺张浪费，以自我为中心。
不健康	幼稚，逃避现实；对人漠不关心，冷酷无情，恶语伤人；放荡不羁，荒唐度日；性格怪僻，行为冲动；放弃自己，甚至用药物麻痹自己。

八号领袖型层级划分

层级	行为表现
健康	豪爽大方，有慈悲心和正义感；坚强而独立，是天生的领导者；足智多谋，积极主动；心胸开阔，善于鼓舞别人；有大无畏的牺牲精神，可以成为一世英雄。
一般	以自我为中心，注重自我保护；希望自己独立坚强，怕依赖他人；骄傲自夸，希望拥有强烈的、绝对的控制权；摆架子，随意指挥别人，威胁、恐吓别人。
不健康	离经叛道，不遵守任何的规则和道德；为了成功，常常不择手段；没有道德感，是潜在的暴力分子；妄自尊大，不自量力；充满报复心理，有反社会倾向。

九号和平型层级划分

层级	行为表现
健康	相信别人，接纳自己，有较好的人际关系；正直善良，坦率真诚；冷静执着，内心高贵；充满力量，朝气蓬勃；容易理解别人，是很好的矛盾调节者。
一般	表面平和接纳，内心抗拒；消极待命，不善改变，做事拖拉；消极冷漠，远离冲突；喜欢幻想，做白日梦；整日无所事事，隐忍压力，不思进取。
不健康	固执己见，企图掩盖和逃避问题；没有责任感，疏忽大意；强烈地远离人群，无法正常与人交往，抱怨他人；精神紧张，人格分裂。

九型人格之两翼分析

一号完美型两翼分析

主一翼二：二号助人型有大爱，无私奉献，但是他们比较情绪化，而一号则希望自己成为公正无私的人，很多时候缺少人情味，所以两者组合起来的人，常常富有同情心，正直热忱，有一种要拯救苍生的理想主义情怀。

主一翼九：由于一号完美型与九号和平型都有完美主义的倾向，两者组合在一起拥有较高的理想主义色彩。可以说，两者结合起来的主一翼九型人，超级理智，逻辑思维特别强大，不喜欢社交，是典型的"开明人士"，身上自带一种博学精英风范，擅长按照客观事实看待问题。

二号助人型两翼分析

主二翼一：这种类型的人既理智又温暖。一号性格的人是完美主义者，凡事都“以理服人”，而二号性格的人是非常感性的，喜欢帮助人，因此，主二翼一型人是正义的、有强烈社会责任感的人。

主二翼三：二号人天生就喜欢帮助人，而三号人为了达到自己的目的也会去帮助人，因此，二者结合起来的主二翼三人非常善于用自己的人格魅力获得他人的喜爱，进而征服他人；如果他们有才艺，那么他们就会将才艺毫不保留地献给周围的人。

三号成就型两翼分析

主三翼二：主三翼二型人既有二号性格者的热情开朗，也有三号性格者对成功的渴望。这种型号的人善于社交，慷慨大方，比较受欢迎，他们的身上通常具有明星气质，表现欲强，希望成为焦点人物。由于性格热情奔放，很多人也愿意和他们做朋友。

主三翼四：此种型号的人一般比较低调和安静，自我节制，不太喜欢自我表现。同时，由于四号是浪漫而独特的，所以主三翼四型人比较喜欢有独特性和艺术性的人或物，而他们自己也是独特且充满艺术性的，又因具有三号性格的特质，所以这种型号的人也刻苦节俭，关注自身事业的发展。

四号自我型两翼分析

主四翼三：主四翼三性格的人其内在的主导性格是四号，他们比较内向，不喜欢彰显自己，但同时他们又有一定的社交能力。这种人一般都具有远大的志向，善于社交，很有才华，拥有创造力，但同时由于主性格使然，他们又对人际关系非常敏感。

主四翼五：四号人一般非常注重自己的感情，而五号人则善于思考，注重自己安全。因此，四号性格和五号性格综合在一起的主四翼五型人比较关注自己的内心感受，不喜欢向外探索，但喜欢观察人，这种性格的人追随自己的灵感，具有创作的天分。

五号理智型两翼分析

主五翼四：四号人生性浪漫，注重内心情感，而五号人注重自我思考，因此主五翼四型人都是喜欢向内探求的人，很多时候他们知道，只有认清自己，才能找到想要的生活。四号人浪漫，五号人好奇，所以主五翼四型人非常有创造力，会在艺术领域有所成就。

主五翼六：五号人注重自我的思考，倾向于远离人群，而六号人又充满了怀疑和焦虑，因此主五翼六型人最不易与人产生亲密关系，他们是纯粹靠智力生活的一类人，他们对理论性强的事物非常感兴趣，非常喜欢辩论，注重事实、理论和规则，不轻易妥协。

六号疑惑型两翼分析

主六翼五：此类型的人理性而善良，具有强烈的同情心，会成为弱势群体的保护者，同时，他们也会崇拜权威，是忠诚的守护者，十分自律。由于此类性格的人思维敏捷、专注力强，所以他们常常能成为教师、科研工作者抑或分析家。

主六翼七：七号性格的人活泼好动，而六号性格的人又常常需要向外界寻求安全感，因此主六翼七型的人比较愿意与人接触和交流。这类型的人非常有趣，平易随和，乐善好施，喜欢社交，希望自己的言谈举止能够得到别人的认可和赞同；他们一般比较会享受，看重物质生活，希望生活可以过得快快乐乐，有滋有味。

七号活跃型两翼分析

主七翼六：主七翼六型人非常外向，他们身上既有六号性格者希望从外界获得安全感的性格特点，又具有七号性格者天生乐观的性格特点，很多时候，他们非常喜欢交朋友，且能与朋友愉快地相处。最重要的是，主七翼六型人非常有创造力，总能够想到很多新奇的点子。

主七翼八：七号性格的人乐观开朗，能愉快地与人相处，而八号性格的人有强烈的进取心和目标感，因此主七翼八型人是非常圆滑和善于钻营的一种人，他们有目标、有方法，擅长以务实的做法来合理配置各种资源，以求实现自己的目标。

八号领袖型两翼分析

主八翼七：八号性格的人追求权势，七号性格的人追求自我的快乐，因此主八翼七型人常常以自我为中心，我行我素，不顾及别人的感受；同时，他们又非常有攻击性，做事勇敢，常常不顾后果，做了再说。可以说，这一类型的人是非常适合成为创业者的。

主八翼九：八号性格的人追求权力，九号性格的人追求“无为而治”，可以说，主八翼九型人是非常矛盾的一类人，他们会按照自己的想法做事情，但不会表现出过分的强势，如果他们想要完成一件事情，往往会采取一定的策略，尽量避免与人发生冲突。

九号和平型两翼分析

主九翼一：一号完美型人追求公正和原则，而九号和平型人思想比较开放，因此这两种型号组合起来的人非常理性，具有较强的自制力，喜欢整合不同的观点，从而找出比较适合自己的。他们乐观开朗，喜欢指挥别人，注重原则，是理想主义者。

主九翼八：九号和平型人为了和谐常常压抑自己，而八号领袖型人又喜欢帮助弱小，惩恶扬善，因此主九翼八型人自我意识不太强，不过有时候，他们也会坚持己见。另外，他们身上具有明显的性格对立点，能宽容待人，有时也会坚强果敢，在主九翼八型人的身上，我们既可以看到强势的一面，也可以看到温柔的一面。

九型人格之性格转化

一号完美型性格转化：顺境时，一号完美型会向健康的七号活跃型转化

每一种性格类型的人都不是一成不变的，不同的性格类型在不同的环境下也是会发生转化的。顺境时，也就是没有太多压力的时候，一号完美主义者允许自己接受现实，他们知道自己想要的和现实中存在的肯定是有差距的。虽然一号完美主义者依然追求完美——这是永恒不变的真理，但他们不会过分地强求，他们开始学会放松、宽容、允许和接纳，此时一号完美型开始向健康的七号活跃型转变。

我老婆每天早上都比我起床早，她每次刷牙都是将牙膏从正中间挤出。你知道，牙膏从中间挤出的话，长时间下去中间就空了，到最后用起来就很不方便了，我一个完美型的人，不会允许这样顾头不顾腚的事情发生。

于是每次她早上用完牙膏，我都会帮她从下面再挤上去。刚结婚那几年，我们天天因为这个事至少吵两次，因为每一天至少要刷两次牙，可老婆就是不愿意改。后来，我渐渐也接受了她的这个习惯，我觉得，这辈子能为她做这样的事情，也没有什么，她为我洗衣服、做饭、生孩子，她付出的更多，远远比我做的这些多得多。自从想开了以后，我便不再纠正她，甚至享受起了每天把牙膏挤上去的幸福，因为这是为爱人做的事。

当处于顺境时，即环境与一号性格人的要求接近时，一号会表现得有崇高的理想，追求完美；但与此同时，他们不会那么苛责，会向七号活跃型转变，会一反常态，抛下手头的事情去尽情玩乐，尝试新鲜刺激的事物，比如旅游、娱乐等。当一号转变为七号后，他们不再想着要改变自己、他人和世界，以求完美无瑕，他们也认识到了“不完美就是真正的完美”，开始学会接受，接受一切上天的恩赐，对一切都充满了好奇心。而此时，他们也开始变得快乐和自由起来，生活和心理上也没有了压力，更加乐观和开朗了；与此同时，他们也开始变得更加爱与人沟通和爱学习了，更能发现别人身上的优点和长处，更易与别人相处了，也能很容易地接纳别人的意见了，变得随和亲切。

一号完美型性格转化：逆境时，一号完美型会向不健康的四号自我型转化

我有一个做老师的朋友，他给我讲述了这样一件关于他学生的事情：

“我的这位学生是一位非常优秀的学生，我真是这样认为的。那时，我们学校还存在着班主任跟班走的制度，于是连续三年，我就忙前忙后地围绕着这一帮学生，其间，我的这位学生几乎每一次考试都是班级第一，全年级第一。教了二十多年的学，这是我见到过的唯一一个能有如此好成绩的学生，我为他感到骄傲的同时也为自己感到骄傲。可是，大家或许也已经看到了，我前面说这个学生考试成绩的时候，说到了‘几乎’。是的，

有一次，我的这个学生没有考第一名，而是考了第三名，这是他三年来第一次考第三名。

“按常理来说，第三名也是很不错的了，所以我觉得也很好，他的父母也觉得很好，可他却不这样认为，他觉得自己其实还是可以考得更好的，还是可以拿到第一名的，但自己却没有拿到。那一次，学校召开颁奖大会，他因自觉惭愧没有参加，一个人躲在宿舍里写了一封足足有二万字的信给我，而那段时间，作为班主任老师，我也明显感觉到了他情绪的变化，上课他也不积极发言了，问问题也没有以前多了，下课的时候，也总是一个人盯着课本发呆。”

一号在压力不断增加的状态下，他们的性格会朝着四号自我型不健康的一面转变。为了获得更完美的东西或者成果，他们开始给自己施压，当他们不知道压力如何排解时，内心的郁闷会使他们变得暴躁脆弱，非常情绪化，缺乏弹性，有时发火就像火山爆发一样，令人不知所措。在刚开始面对压力的时候，他们会拒绝休息，并强迫自己直面压力，希望通过自己的努力来解决问题，战胜压力，此时他们甚至极端地反感与快乐相关的人和事。但是当长时间面对压力的时候，平时一贯表现得很冷静的他们，会终于压抑不住长期累积的愤怒，抱怨周围的一切，甚至歇斯底里地哭泣。有时他们会不再学习，而是把时间花在做白日梦或者幻想上面，以逃避残酷的现实。此时他们会觉得：“为什么我付出了那么多，还是无法得到完美？”于是，他们决定逃避，用一些虚无缥缈的东西掩藏自己，或者变得忧郁和孤僻。

最为严重的时候，一号向四号的转变会使他们陷入麻木不仁和放纵自我之中，他们开始尝试做以前没有做过的事情，比如纵酒、出轨等。但这样的方式，有时也会让他们陷入再一次的自责和愧疚中，且这种方式对于缓和他们的紧张和压力没有任何作用，长此以往，他们就会不断地堕落下去。而每一个人都会谈恋爱，如果一号跟暗恋的对象告白，他们得到的任何回绝和嘲笑都会使他们感到羞愧和怯弱，或许从此，他们就会掩藏自己内心对爱的表达，如果有人指出了他们这样的迷离的状况的时候，他们会变得更加难为情起来。

温馨提示：一号完美型向不健康的四号自我型转化的“警示语”

1. 不间断地自我惩罚；
2. 开始频繁地为错误开脱；
3. 不再为错误辩解，任由事态发展；
4. 对一切都已绝望，不再行动；
5. 更加坚定立场和要求完美。

针对逆境中的一号完美型朋友，可以通过以下一些东西提升个人正能量：

食物：一号完美型人注重干净简洁、健康卫生，强调食物的原汁原味，因此适合一餐只吃一种食物，比如，包子、饺子、煎饼。但同时，他们应该补充一些水分较多的蔬菜，让有点僵硬的身心得到滋润，也可以多喝点浓稠适宜的汤。

穿着：一号完美型人注重完美，比较适合传统的服装款式，因为这样不会出错，同时也应该把发式打理好，做好一切细节才有可能达到完美。衣着讲究，非常干净整洁，经过仔细整理，对颜色、饰物的搭配很认真。

颜色：白色。白色象征着纯洁、真诚、无私和正能量。一号完美型很多时候会忘记自己，无私奉献，只为追求真善美的至高境界，因此一号完美型应多穿白色的衣服，以表现自己追求完美、真诚无私的特点。

音乐：一号适合听旋律简单，音调悠扬，但能振奋人心的歌曲。

艺术品：一号对任何事都要求很高，严谨细致，崇尚完美，平时的时候可以多欣赏一些雕刻精美的雕塑和绘画，比如，敦煌莫高窟的壁画，或者类似于《蒙娜丽莎》《最后的晚餐》等意大利文艺复兴时期的作品。

配饰：白水晶。白水晶的能量是非常稳定的，可以提升一个人的灵性，开发智慧和潜能，同时也能使人心胸开阔、心情愉悦。

二号助人型性格转化：顺境时，二号助人型会向健康的四号自我型转化

顺境时，二号助人型人常常表现出宽容、博爱，有慈悲心，他们能理解和同情他人，并由衷地接纳自己，而且温暖体贴，有爱心，并懂得感恩，希望分担别人的痛苦。也因他们平时与周围的人相处得很好，总是尽自己的最大能力帮助他人，所以很多人都愿意围在他们的身边，支持他们，帮助他们，此时二号助人型就会向健康的四号自我型转变。

曾经有一位做美容养生的二号助人型女性朋友，她在自己的朋友圈中写过这样一段话：我自认为是一个很有爱心的人，我希望周围的一切都是安静而和谐的，当我处在某一个环境中的时候，更加希望这里的一切都能符合我的心意，而当一切都能顺从我的心意的时候，我的内心很充实，很满足，这种满足不是任何金钱可以买来的。而此时，我也不会再考虑别人的感受或者需要，我开始想做回我自己，做一个真正的自己，随心所欲，做一个关注自我需求的女人；而此时，我也不愿意控制任何人，我觉得每一个人都应该以他的方式存在，就像一朵花，我们也要允许它以自己的方式绽放和凋谢。

顺境中的二号会向健康的四号自我型转变，这一阶段二号人开始关注自己的真实感受，开始照顾自己，也开始无条件地接受自己的一切，包括优点和缺点，开始展现出最真实的自我，也不会再过分地关注他人的想法，不再强迫和压抑自己做某些事以求得到别人的喜欢；同时对于别人让自己

生气的地方，比如把自己的照顾当作理所当然的时候，他们也不会大动肝火，而是表示理解，且愉快地表达出自己的真实需要。顺境中的二号助人型人还开始热爱艺术，比如唱歌、跳舞、绘画，这时或许他们又会觉得，这是在浪费时间和生命，如果二号能战胜这种想法，他们的创造力就会自然而然地展现出来。

二号助人型性格转化：逆境时，二号助人型会向不健康的八号领袖型转化

正常情况下，二号不喜欢表达自己的需求，也不善于接受别人的帮助，但其实在他们的潜意识里是需要得到别人的回报的。当他们没有得到自己想要的回报的时候，他们也会变得愤怒，此时他们就会向不健康的八号领袖型转变，从而表现出八号性格者强势和凌厉的作风。

有一个驾校的教练是二号助人型人，他对自己的学员特别好，练车的时候，总是尽心尽力地教自己的学员。有时候，为了满足学员的需要，他还会在下班后开着自己的车带学员练习；有时候，为了帮助学员把车练好，他甚至会不惜利用周末陪孩子的时间来教学员练车。他觉得：“如果我能帮助学员把车练好，顺利拿到驾照，那么他们肯定会非常信任我，肯定能给我介绍更多的客户。”二号教练一直坚持着这样的想法。

有一次，这位教练在练车的休息时间与别的教练带的一名学员聊天，他问该学员是谁介绍来的，这位学员说是某某介绍来的。这个教练一听，原来是自己教过的学生啊，他不禁想到当时自己那么认真地教那个学员，而那个学员也说“以后有朋友学车肯定会帮忙介绍的”。可是，那个学员竟然把自己的朋友介绍给了别的教练！这位二号教练当即心里就不舒服了，于是强压着愤怒，结束了谈话。之后的几天，这位二号教练心里一直都很难受，在家的时候还与自己的妻子吵了一架，同时他还把那个学员的电话、微信、QQ 都删了，因为他确实太生气了，他不明白自己平时那么

多的付出，怎么换来了学员的如此对待？

逆境或者压力状态下的二号内心没有爱，但依然很骄傲，会经常对别人说："我是最有爱心的人。"与此同时，压力非常大的二号也开始关注自己的生存需要，开始更加努力地工作。逆境中的二号也会一反常态，暗示被帮助者不要把自己的帮助当作理所当然，自己的服务不是无偿的，此时他们也会与人争论，企图要求别人回报自己，从而证明自己的存在。而这种想法也会让他们膨胀，成为控制者：我要做主了！现在我不需要别人了！更有甚者，他们还会产生暴力倾向，攻击别人。所以，此阶段的他们会表现得非常冷酷无情，而这时候，与他们亲近的朋友也会感到不可思议，会想："这家伙，原来也有这么强势的一面啊。"

温馨提示：二号助人型向不健康的八号领袖型转化的"警示语"

1. 精神麻木，开始极度地自我欺骗；
2. 经常做出严重的攻击性行为；
3. 开始强迫和操纵他人；
4. 对某一个人或事物近乎偏执的喜爱。

针对逆境中的二号助人型朋友，可以通过以下一些东西提升个人正能量：

食物：二号具有关怀别人的热忱，因此平时的时候可以多吃点蔬菜和水果，如果经常保持吃素的饮食习惯，可以让身体更好。同时，二号也可以通过食补的方法达到修补身体的目的，比如山药、红枣等。

穿着：爱美之心人皆有之，二号也是如此。因为二号天生就希望自己受到关注，被人喜爱，因此平时的时候，可以穿一些亮眼的衣服，佩戴一些首饰，达到吸引他人的目的，但也不要过分地打扮，适可而止最好。

颜色：金色。大家都看过《西游记》，还记得电视中如来佛祖现身时的画面吗？用一个词来形容——佛光普照。这佛光是什么颜色？对，是金色，金色不仅象征着财富，同时也代表仁爱、祥和和智慧，因此二号在平时的时候，可以多用一些金色的物品。

音乐：二号适合听一些歌词唯美，曲调悠扬婉转，赞美爱和歌颂爱的歌曲，比如《爱的奉献》。恋爱中的二号，适合听一些缠绵悱恻的情歌，这样的歌更能表达二号的内心世界。

配饰：二号可以佩戴金色的首饰，也可以佩戴金水晶和茶水晶，以提升自己保护他人的能量。

三号成就型性格转化：顺境时，三号成就型会向健康的六号疑惑型转化

顺境时，三号人会表现得很有自信，且诚实、真诚和质朴，他们对周围的人和事都是充满善意的，会成为和蔼可亲的领导者。曾经有一个三号销售员，他曾这样描述自己在顺境中的做法：

有一段时间，我过得还算很舒适，那时候工作上的压力也不是很大，几乎每个月我都能超额完成销售业绩，而且这个超额完成的业绩也是在很轻松的状态下完成的。由于业绩超额完成，我被安排在每周的晨会上做演讲，讲授自己的销售经验和心得体会，我非常愿意做这件事情，且每次都会准备得很充分。这之后，公司的很多同事都会主动向我靠近，与我交流自己的销售想法，而我也很乐意与大家一起分享内心的想法，而且我知道，自己必须保持着谦虚的态度，脚踏实地，再接再厉。

顺境中，三号会向健康的六号转化，此时，三号开始关注他人超过自我，不再过分关注自我形象，而是专注于更有意义的事情，开始愿意与他人交流、互动和合作，在这个过程中，还能表现得真诚而无私。在与他人

的合作中，三号会从共同取得的成果中，感受到从未体验过的满足和幸福，与此同时，他们也找到了一种真正的属于自己的尊严和价值。

一般情况下，三号人是很清高的，不愿意向周围人寻求帮助，经常是“孤军英雄”。但是顺境中，三号会向六号转变，此时他们开始寻求能够让自己信任的人，变得忍耐、诚挚和有勇气，且愿意敞开心扉，向信任的人寻求帮助。

三号成就型性格转化：逆境时，三号成就型会向不健康的九号和平型转化

三号属于实干家、成就型，他们的行动力超强，只要认定一件事情，就会一门心思做成功，这期间可能会遇到挫折，但是没关系，三号会想尽一切办法去做，用一句话形容就是“上刀山下火海，在所不辞”。可以说，在渴望成功这一点上，三号是极端的，一旦争强好胜的三号遇到极端的困难和挫折，使出了浑身解数也“无力回天”的时候，他们就会向不健康的九号转变，消极待命。

下面我要说的这位女士，她很能代表逆境中的三号人，她也是“九型人格”课堂上的忠实“粉丝”，每次我在北京讲“九型人格”课程的时候，她都会参加。由于多次参加，我们也已经成了交心的朋友，于是她也不避讳地向我讲述了她的事业和家庭，在此我简单叙述一下：

她是一个很能干的女人，不仅把家庭经营得很好，还把自己的事业做得很成功。作为三号人，她也经常会表现得霸道强势，不管是在家里还是在工作上。强势在工作中是需要的，但是在家庭中往往不被允许，但好在她的老公很理解她，对她仍旧是温柔体贴，宽容谅解。她的女儿聪明伶俐，活泼可爱，学习成绩也很好，因此很多人都羡慕她，说她是人生赢家。可一次意外的车祸，彻底毁灭了她的幸福，她的丈夫和孩子都遇难了，只剩下她一个人。当医生告诉她丈夫和女儿都无法救活的时候，她拿着家中所有的积蓄痛苦地哀求医生和护士救活他们，可是，谁也不能帮助她，那一

刻她感受到了深深的无助，那种无助是她以前从未有过的。这么多年来，她真的未曾遇过这样大的困难，以前所经历的一切她都是可以通过自己的努力克服的，而这一次，她没有任何办法。

这次意外对她的打击太大了，整整五年她都无法走出来。她把辛辛苦苦经营的公司给了亲戚，把自己关在房子里，不化妆，不见人，不出门，萎靡不振，毫无生气，她对一切都失去了兴趣，那时的她再也不是那个雷厉风行的女强人了，而是一个陷入深深的自责和懊悔中的女人。

在面对难以承受的压力时，三号会向九号转变，变得不再强调成功，不再有很强的行动力，他们开始慢下来，只是机械地工作，不再那么专心和投入，有时候他们也会止步不前，满足现状，有种得过且过的心理。

逆境中的三号开始放低姿态，不再因为追求成功而与人争吵，他们开始随遇而安。因为他们知道无论自己怎样努力，都不能使一切达到自己满意的状态，所以他们开始变得消沉和迟钝，对一切都失去兴趣。更有甚者，逆境中的三号会失去“爱”和“恨”的感觉，他们开始变得麻木不仁，失去个性，变得行尸走肉。

温馨提示：三号成就型向不健康的九号和平型转化的“警示语”

1. 内心空虚，行为散漫，缺乏情感；
2. 不断强化错误的自我形象，不诚实，欺骗他人和自己；
3. 产生妒忌的心理，开始不切实际地幻想；
4. 对任何人和事都充满敌意，强烈的愤怒和不满笼罩着他们。

针对逆境中的三号成就型朋友，可以通过以下一些东西提升个人正能量：

食物：三号人比较关注外在的形象，因此一些外表好看、包装精美且好吃的食物是比较受三号欢迎的，而这也符合三号注重形象和讲究包装的特质。所以，三号平时可以试着吃点巧克力、蛋糕、菠萝等精美可口的食物。

穿着：三号通常都喜欢名牌，所以平时的时候，如果经济允许，三号可以穿名牌。当三号穿上名牌衣服的时候，他们会显得更加自信，有魅力。

颜色：紫色。三号性格者比较喜欢受到人们的关注，同时，他们的内心又有一点清高和孤傲，所以代表着高贵典雅的紫色是比较适合他们的。因此，平时的时候，三号可以穿着和佩戴一些紫色的衣服或饰品。

音乐：三号人追求卓越和成功，所以他们适合听一些需要高超技巧才能演奏出来的音乐和歌曲，因为只有这样的音乐和歌曲才能体现出三号性格者不凡的品位。

配饰：紫水晶。紫水晶被认为是一种神秘的宝石，象征着权威和力量，相传，罗马教宗的权杖上就镶嵌着一颗紫水晶。

四号自我型性格转化：顺境时，四号自我型会向健康的一号完美型转化

顺境时，四号会表现得很有见解，创造力强，灵感丰富，触感敏锐，立场坚定，严肃而不失幽默。四号如果能得到身边重要的人的认同，那么他们就会处于轻松的状态中，这时他们就会表现出一号的一些特征。他们会凭第一感觉办事，讨厌铺设好的路线，不喜欢一步一步地依规划行事，但会按部就班且高效地完成工作，具有非凡的创造力。

20 世纪末，马丽华创作了《走过西藏》系列作品。在《渴望苦难》中，马丽华这样写道："渴望苦难，就是渴望暴风雪来得更猛烈一些，渴望风雪之路上的九死一生，渴望不幸联袂而至，病痛蜂拥而来，渴望历尽磨难的天涯孤旅，渴望艰苦卓绝的爱情经历，饥寒交迫，生离死别……渴望在贫寒的荒野挥汗如雨，以期收获五彩斑斓的精神之果，不然就一败涂地，一落

千丈，被误解，被冷落，被中伤。最后，是渴望轰轰烈烈或是默默无闻的献身。”

无疑，马丽华也是一个浪漫主义者、悲情主义者，而她的这种浪漫和悲情正是四号性格者的典型特征。她渴望苦难、孤独和生离死别，很显然，她觉得这些痛苦才最能触动她的内心，也可以说，她喜欢并享受这种痛苦的感觉，她的这种性格促使她通过付出、牺牲来寻找自我的人生价值感，来寻找轰轰烈烈的个体存在感。马丽华的故事看似描写了一段艰难而坎坷的经历，但从这段经历中，我们看到的不是处在逆境中悲观消极的马丽华，而是一个乐观向上、充满斗志的马丽华。所以说，当四号人通过克服自我为中心的意识之后，他们会向健康的一号转变，他们开始变得能够控制情绪，坚强有力，客观行事，变得自律和主动，为了心中的梦想而努力。

顺境中或者能感受到真实自我的四号，不再一味地强调自己的独特性，他们开始思考自己作为社会人应该做些什么，并能够通过合理的方法展示自己的人格魅力。而此时，四号自我型人就会充分发挥自己的想象力和创造力，进行创作，如马丽华一样。

四号自我型性格转化：逆境时，四号自我型会向不健康的二号助人型转化

四号在遭遇坎坷、痛苦时极易情绪化，容易产生无助、无望的感觉，会自我封闭、自我破坏，扮演受害者，沉沦在痛苦中。当四号无法得到他人的认可时，他们又会感到巨大的压力，这时他们会表现出二号助人型的性格特点，想要通过帮助他人，为他人付出、奉献和牺牲来获得认可，并从中找到自己不同凡响的价值。

下面这位四号自我型性格的女孩子，面对着人际关系的压力，是这样做的：

叶雅涵是公司里一个性格内向的女孩子，不张扬，不招摇，文文静静的，

但她身上的“文静”却带着一股忧郁之气。她很少笑，当同事们都笑得前仰后合的时候，她也只是微微扯动一下嘴唇。每当星期天的时候，她都会到图书馆看书，她的桌子上总是放着一本书、一杯咖啡，而这一本书和一杯咖啡可以让她在图书馆里面坐上一天。

有一次，有位同事告诉她，她太清高和孤傲了，给人的感觉是太“冷血”了。在此之前，从没有人与她说过这样的话，因为这句话，叶雅涵一整天都很不高兴，回到家后她想了想， 觉得要改变自己清高孤傲、不合群的性格，必须主动向别人提供帮助。于是，第二天一到公司，她就主动跟见到的同事打招呼，上午去咖啡室接咖啡的时候，她碰到了经理，于是硬着头皮主动提出帮经理泡咖啡，当时经理还有点“受宠若惊”，而她自己也表现得很尴尬。

在面对人际关系的压力时，四号人会向不健康的二号助人型转变，他们试图通过强迫的友善来帮助他人，以求获得良好的人际关系。此时，四号人开始有目的地向身边的人表达关心和感情，从而引起对方的注意，使对方觉得自己是重要的、不可或缺的。

四号在想要获得良好的人际关系、寻求认同的情感很强烈的时候，他们可能会使用更加偏激的方法来争取认同。此时四号人可能会因使用方法不当而令对方反感，当对方因为反感而再次冷落他们的时候，他们又会陷入被抛弃的情绪中无法自拔。如此反复，四号人就会逐渐向不健康的二号转变。

温馨提示：四号自我型向不健康的二号助人型转化的“警示语”

1. 没有稳定的人际关系，找不到真正可以倾诉的对象；
2. 过分依赖一个人或者两个人；
3. 执迷于死亡、病态和自我怨恨；
4. 一种难以忍受的与自我和他人的疏离感。

针对逆境中的四号自我型朋友，可以通过以下一些东西提升个人正能量：

食物：四号人比较注重浪漫，讲究品位，吃的东西最好能体现出四号人的个性和情调。四号可以经常去一些气氛比较好的餐厅就餐，吃一些精致的食物，比如法国菜、日本料理等，同时可以喝一些红酒，红酒非常符合四号追求浪漫的气质。

穿着：四号人非常注重个性，因此在着装方面，也一定要体现出自己的独特品位。能体现出四号与众不同的特性的服装，都是非常适合四号的。

颜色：暗紫色。四号人是非常注重内心情感和力量的，暗紫色象征着尊贵和权力，具有神秘的力量，能够帮助四号人自我开悟。因此，平时的时候，四号人可以多穿一些暗紫色的丝质和纱质的衣物。

音乐：四号人可以听一些放松身心的乐曲，也可以听一些纯真质朴的儿歌或者童谣，这些都是比较适合四号的。

配饰：尝试着佩戴青金石或者松石，从而帮助四号增加直觉性和心灵感应。

五号理智型性格转化：顺境时，五号理智型会向健康的八号领袖型转化

顺境中，五号人做事情会全身心地投入，变得热情爽朗，同时对于自己不满的事情也愿意表达自己的看法抑或付出行动，此时的五号性格者好像一下子变成了充满活力的孩子。当他们觉得周围的一切都符合自己的心意，不会让自己感受到任何不适的时候，他们就会放松长期紧绷的神经，

不再对任何人小心翼翼，也不再表现出谨慎隐忍的一面，他们开始要掌控一切，表现得像个领导者一样，此时，五号理智型人会向健康的八号领袖型人转变。

在顺境时或者说某个环境令五号人感觉到安全的时候，他们就能很好地表现出自信、强大和充满力量的感觉，这种能量不是来自五号人的心里，而是来自他们身体的本能，此时的他们不再仅满足于思考的层面，而是开始将思考付诸行动，开始像八号人那样充满干劲。

我和丈夫一起生活了将近二十年，我们已成了彼此生命中不可或缺的一部分，也因彼此的存在，使我们感觉到很安全以及有所依靠。但有时候，我总感觉他有着双重性格，他时而像个“甩手掌柜”，时而又像是要控制一切的“王”。在外面的时候，他总是不怎么爱说话，更不喜欢做决定，对什么事情都不过问，每当我问他意见的时候他都让我决定，可是一回到家里，他就开始对我肆意地发号施令，每当这个时候，我就感觉到很震惊，他怎么像换了一个人一样。

在家里或者是自己的秘密地方的时候，五号性格者会表现得很有力量，并且非常有行动力，他们会运用自己已有的知识和技能去解决实际问题，同时也不会再刻意地隐藏自己，且愿意接受更大的挑战，也愿意承担更大的责任，此时的他们往往能成为团队中的领导者。在顺境中，五号人拥有八号领袖型人的行动力是很不错的，但千万不要刻意地模仿八号的那种霸道和强势的领导作风，这对于五号来说是没有益处的。

五号理智型性格转化：逆境时，五号理智型会向不健康的七号活跃型转化

五号理智型人本来就是不善于表现自我的一类人，如果压力过大时，他们这个本来就容易沉迷于思考中的个体就更加会陷入无限的思考中了；如果这种思考仍无法让他们摆脱压力，他们就会表现出崩溃的状态，然后

纵情娱乐，表现出喜欢与人接触的样子。那么，此时五号理智型人就会向不健康的七号活跃型人转变。

杨盟是一个大学毕业不久的学生，也是一个典型的五号性格的人。面对着沉重的销售业绩压力，他说出了下面的这些话：平时的时候，我一点都不善于交际和应酬，我唯一的爱好就是看书，可不知道自己怎么就选择了销售这个行业，或许在我的内心当中，是想锻炼一下自己，试着改变一下自己不善社交的性格吧。

记得第一次见客户时，我真的害怕极了，在走出公司大门的时候，我还在不断地给自己打气。那天，客户把我们见面的地点安排在了KTV里面，来KTV谈生意，不就是要唱歌、跳舞和喝酒吗？可这些是我根本不擅长的事情啊，当即我就想离开，但后来还是因为种种原因选择了留下，并硬着头皮走了进去。那天，我破天荒地喝了很多酒，还唱啊跳啊的，虽然内心当中不愿意那样放荡和谄媚，可我还是做出了行动，我一杯一杯地向那些人敬酒、倒酒、赔笑，我告诉自己，别人能做的我也能做。

逆境中的五号性格者会变得焦躁不安，为了摆脱这种焦躁的状态，他们开始变得很“活跃”，不断转换目标，追求刺激和体验。这个时候，他们可能会沉迷酒色，做出以前从来不敢做的事情，如故事中的杨盟一样。一般情况下，五号性格者是孤独的，由于长期追求内在的思想和情感，他们会与社会脱离。当他们感觉到压力过大时，他们就会表现出不健康的七号人的性格特点，思维混乱、行为冲动、纵情享乐。有时候他们也会突然与别人建立联系，而此时，逆境中的五号性格者发现自己平时过多的思考并没有给自己带来什么好处，于是他们便不再重视思考，行动也不受理智的控制。

当五号理智型人处在压力状态下时，他们无法集中注意力做一件事情，他们开始注重享乐，脱离实际，孤芳自赏，甚至会有点神经质，变得有说不完的理论，像口若悬河的专家，但遇事却摇摆不定。

温馨提示：五号理智型向不健康的七号活跃型转化的“警示语”

1. 完全地封闭自己，不愿意与任何人交往；

2. 隔离自我的倾向很明显，并产生幻觉；

3. 有自杀的倾向；

4. 对任何人都充满敌意，尤其是对自己提供过帮助的人。

针对逆境中的五号理智型朋友，可以通过以下一些东西提升个人正能量：

食物：五号性格者常常沉迷于自我的思考中，因此对食物方面不太挑剔。为了有更加充足的时间完成自我思考和成长，五号性格者可以吃一些分量足或者吃一点就有饱腹感的食物，比如米饭、馒头和面条等。

穿着：五号性格者非常注重衣服的质量，作为理智型的五号人，穿有质感的衣服才更能体现出他们的身份和气质。因此平时的时候，五号性格者可以穿有质感、款式简单、干净利索的服装。

颜色：蓝色。蓝色象征着冷静、理智、安详与广阔，蓝色还具有沉稳的特性，具有理智、准确的意象。在商业设计中，强调科技、效率的商品或企业形象大多使用蓝色当标准色。因此，五号人可以多穿戴一些蓝色的衣服和饰品，以显示自己理智和冷静的一面。

音乐：可以听一些有深度和思想性的音乐，比如《未来的主人翁》《现象七十二变》等歌曲，这可以体现出五号性格者兼具艺术性和思想性的特点。

配饰：五号人可以佩戴蓝色的首饰，比如蓝玛瑙、蓝水晶等饰品，以提升五号人的正能量，帮助增强其自身的沟通力以及稳定性情。

六号疑惑型性格转化：顺境时，六号疑惑型会向健康的九号和平型转化

顺境中，六号性格的人是自我肯定和信赖他人的，此时的他们是平静、和谐，没有疑虑和担心的，不会怀疑任何人，对于别人的帮助也会欣然接受。他们能理解和接纳周围的一切，能与他人产生亲密的关系，此时，他们在对待家人、朋友以及所属团队的时候，也会有持久的忠诚度。

当工作和家庭生活中没有了那么多压力的时候，我的大脑放松了很多，我不会对丈夫疑神疑鬼了，也不会在晚上被噩梦所惊醒，我感觉周围的一切都是平静而祥和的。很多人都说我像变了一个人似的，是的，我自己也是有所觉察的，我不再像以前那样，一大早起来就开始焦虑——“今天不知道又要面对什么难题了”“领导今天会不会又要对我发火”……晚上下班，我也不再烦躁——“今天晚上要吃什么饭或者又会与丈夫发生什么样的争吵”……

是的，我感觉自己不再那么多疑和猜忌了，有时候，那种担心或猜疑也会在某个时刻生发出来，但是，我内心的愉悦、安然和舒适还是会打败那种可以感觉到的不良情绪，当那种不好的情绪一旦要爆发出来的时候，我就告诉自己，一切其实都是很好的，不要胡思乱想了。

六号性格人的害怕和警惕，很多时候是来自外在，他们总是会不由自主地感觉到外面的世界是不安全的，于是时刻都担心着、警惕着，怕灾难降临。但是，在顺境中时，六号性格的人会把注意力的焦点从外在转移到内在，不再过分地害怕和警惕，他们会变得像九号性格者一样，追求内心世界的平和和宁静，而此时，六号性格的人为了获得这种安闲和舒适，他们开始不让自己思考太多，并告诉自己顺其自然就好了。

顺境中，六号性格的人会表现出放松的姿态，他们能够敞开心扉地接纳周围的一切，走出去与人愉快地交流。当他们放松了一贯持有的戒备心

后，就能看到周围的人和事的优点，更容易获得丰富的感情，比如爱情、友情。但是，顺境中的六号性格者一定也要注意，千万不要丢失了戒备心，因为没有了戒备心，对周围一切失去了警觉的时候，也就会失去动力，变得庸庸碌碌、无所作为。

六号疑惑型性格转化：逆境时，六号疑惑型会向不健康的三号成就型转化

逆境中，六号性格的人会表现出不健康的三号成就型人的性格特征，同时也会引发两种行为的产生：正六性格的行为——逃跑，反六性格的行为——反抗。而且这两种行为都带有明显的三号成就型的特质。

逆境时，反六，即反恐惧型性格的人会主动出击，行动起来，向潜在的危险发出挑战，通过具体可行的方法来减轻环境给自己带来的恐惧。如果反六性格的人把注意力放在解决问题和克服恐惧的行为上面来，他们就会充满了积极性，像三号性格的人那样非常有干劲，而这个时候，充斥在他们脑海里的也只有三个字“一定要”。

一位退役老兵，曾说出了这样的一段经历：在大家的印象中，当兵的人都是天不怕地不怕的。是的，我也承认当兵的人确实比普通人要勇敢很多，而大家所认为的那种无所畏惧的勇敢也确实在我的战友身上有充分的体现。可是，我想说的是，我们也是活生生的人，也会有害怕的时候，就拿我来说吧，我虽然不怕刀枪火炮，但是最怕那漆黑的夜晚。当兵的时候，我最怕一个人站岗，每当轮到我值夜岗的时候，我心中的恐惧就会增加到几千倍、几万倍，即使我知道此时是安全的，但还是会恐惧和害怕，我真希望此刻有人可以将我击毙，可以不让我忍受这种没来由的恐惧。

有时候，当那种恐惧感一阵阵袭来，而我又不得不继续站岗的时候，我就会勇敢地走下站岗的台子，然后小心翼翼地检查四周的情况，这

时我感觉自己的意志力真是非常强大，有种要对一切的危险做斗争的架势。而这个时候，我也会在心里一遍遍地告诉自己："没什么好害怕的，即使有敌人出来，我也要与他们拼死一搏，死又何妨，就是一定要打败他们。"

当六号性格者的压力不断增大时，他们就会变成不健康的三号性格的人，或者说是反六性格的人，他们会勇敢地站出来反抗。比如，当六号性格的人在工作中遇到了人际关系方面的问题时，他们不会听之任之，而是强迫自己与同事们接触，融入他们的环境中，争取人心，避免排斥，而这个时候，他们也会具有非常强的好胜心。

温馨提示：六号疑惑型向不健康的三号成就型转化的"警示语"

1. 严重的压抑和自卑感；
2. 感觉到自己是孤立和没有人支持的；
3. 极度的偏执和怀疑；
4. 强烈的焦虑和恐惧。

针对逆境中的六号疑惑型朋友，可以通过以下一些东西提升个人正能量：

食物：六号性格者警觉性比较重，因此平时的时候可以多吃一些原汁原味、没有经过太多程序加工的食物。食物本身所具有的色泽、营养以及自然的美味能够让疑心比较重的六号性格者放松戒备，慢享生活。

穿着：六号性格者适合穿一些自我感觉安全和舒适的衣服，比如棉麻类的衣服，这样的衣服可以减轻他们的焦虑和疑惑，让他们感觉到安闲和惬意。

颜色：绿色。六号性格者潜在的渴望是安全和和谐，而绿色正好象征着和谐、美好和欣欣向荣，因此，六号性格者可以把绿色当作自己的幸运色，平时的时候，多接触一些绿色的东西，这样可以让六号人更加有力量，生命更加充满活力。

音乐：六号性格者可以听一些能够给他们带来安全感和归属感的音乐，比如民歌、民谣之类的，这些歌能带给他们更多的安全感和归属感。

配饰：绿水晶可以减轻六号性格者的烦恼、焦虑和压抑，并为他们带来快乐和喜悦。

七号活跃型性格转化：顺境时，七号活跃型会向健康的五号理智型转化

在轻松自在的状态下，七号活跃型人会表现出五号理智型人的一些性格特征，而此时，七号性格的人不再沉迷于寻求非凡的体验和消遣，他们会静下心来观察和思考，从而发现到以往不曾发现的奇妙。而在这个时候，他们的脑海里也总是能够浮现出很多新的想法，会想到比以往更多的点子和创意。

当周围的一切让我感觉非常舒服的时候，我不会再刻意地寻找或者制造快乐了，因为知道自己本身就存在于一个非常愉快的环境中，此时的我也开始静下心来思考问题，且总是能想得很周到。星期六的早上，我非常想与朋友们畅快地玩上一天，因为我已经连续上了十二天的课，如果再让我待在屋里，我恐怕要崩溃。我就像一只小鸟一样，急切地想要飞到朋友们的身边，但我确实还有很多东西没有弄完，母亲不同意我出去，毕竟快要考试了。但是，我告诉母亲，如果她不同意我出去，那么一整天我都会闷闷不乐，而且做事情也没有效率；如果她让我出去，那么我会很高兴，而且在周日这一天，我会非常用心地完成自己的作业，并且我的精力也会非常集中，效率也会非常高的。事实也的确如此，当我感觉周围的一切都

让我非常舒服的时候，我也能沉浸在一件事情中把它做到极致。

顺境中的七号异常活跃、思维敏捷，能大胆去尝试新事物，探索未知领域，寻求感官上的刺激和享受。顺境中的七号人也会专注地工作、学习，不断地寻找新的挑战，他们对工作充满热情，运用自己的创造性不断地在工作中取得不凡的成就，当然他们也会充分享受生命，热情洋溢，用快乐去感染别人。

七号活跃型性格转化：逆境时，七号活跃型会向不健康的一号完美型转化

面对压力的时候，七号性格的人会集中精力做事情，这时候，他们开始刻意地约束和压抑自己，以求在规定的时间把工作干完，而此时，他们会感觉到紧张和局促，于是，七号活跃型就会向不健康的一号完美型转变。

我本来是一个快乐的人，但最近一段时间由于工作和家庭生活中的压力，我开始变得暴躁和易怒了。同事对我说："你最近就像换了一个人似的，上班的时候也不喜欢与人打招呼了，一到公司就埋头在电脑前。"是的，她说的没错，最近一段时间，我确实承受了太多的压力，工作上的、家庭中的，有时候，我也想让自己快乐一点，但是一想到还有那么多烦人的事情还没有解决，我就不得不继续埋头苦干。

由于压力太大，最近我还跟公司的一个女同事闹了一点小别扭。本来，我只是想与她开个玩笑，平时的我也经常与她开玩笑的，可是不知道这次为什么，就因为一句玩笑话就吵了起来。事后，我也思考了一番，其实那位女同事也没有说什么不合理的话，主要是因为我当时的情绪太不好了。

逆境中的七号活跃型人总是会强迫自己把工作做完或者做完美，因为他们一面想要完成工作，一面又想要追求快乐，当他们不能平衡地处理这两种内心需求的时候，他们就会变得暴躁易怒，相应地也会影响到周围的人。

温馨提示：七号活跃型向不健康的一号完美型转化的“警示语”

1. 表现出极度不合理的兴奋情绪；
2. 极端任性，甚至说是无理取闹；
3. 尝试摆脱焦虑，却无法达成；
4. 对某种行为非常上瘾。

针对逆境中的七号活跃型朋友，可以通过以下一些东西提升个人正能量：

食物：七号性格的人比较适合去一些聚会或者派对上吃饭，因为这种地方总是能带给他们欢乐，并将他们身上的快乐因子充分释放，他们也适合吃味道比较重的食物，当然，小甜品也是不错的选择。

穿着：七号性格的人热情奔放，追求快乐，因此平时可以多穿一些亮色的衣服，最好是既可以吸引周围人的目光，又可以代表自己个性的服装。

颜色：黄色。黄色与七号性格者活泼开朗的性格非常接近，黄色充满了活力，能给人俏皮可爱的感觉，因此七号性格的人平时可以多穿戴一些黄色的衣服和饰品，充分展现自己乐观开朗的个性特征。

音乐：七号性格者注重快乐，因此流行音乐和摇滚音乐是比较适合他们听的，当然，也可以听一些诙谐幽默的歌曲，让七号活跃型性格的人心中的快乐得到充分的释放。

配饰：黄水晶。黄水晶象征着快乐和健康，是著名的财富水晶。除此之外，黄水晶还可以帮助七号人提高毅力和决断力。

八号领袖型性格转化：顺境时，八号领袖型会向健康的二号助人型转化

顺境时，八号领袖型人会向二号助人型人转变，此时他们会意识到，自己与别人没有什么不同，别人应该与自己享有同等的待遇，当他们意识到这一点后，他们会把自己的高傲收起来，开始平等地对待别人。而这个时候，八号领袖型人也会更有怜悯心和同情心，他们不再只考虑自己的想法和感受，而是开始帮助别人，照顾别人，切实地为别人考虑。

我是一个公司的高管，但同时也是一位父亲。在公司的时候，我总是表现得雷厉风行，非常有号召力，当然，作为领导的我也是非常强势的，我总是希望下属能够按照我的要求来做事，如果他们不能按照我的要求来，我就会很生气，并努力告诫他们应该怎样做。可是，每当我回到家的时候，我就会变成一个十足的“女儿奴”，我对女儿总是能做到百依百顺，她说什么我就听什么，女儿特别喜欢小动物，于是，家里面就养了一只猫和一只狗。那只狗本来是流浪狗，是女儿看到它可怜，才央求我把它抱了回来，要知道在以前，我是非常讨厌这些浑身毛茸茸的小东西的。

同事们每次来到家里，看到我与女儿的相处模式，就会觉得“我根本不是我”。他们觉得，我简直就像换了一个人似的，尤其是抱着小猫与女儿一起玩的时候。其实，每当这个时候，我也觉得不可思议，我竟然会有如此温情的时候。

八号领袖型人本来就是讲究公平和正义的人，他们会为了帮扶弱小与权威展开斗争，他们的潜意识中具有帮助人的特性。在顺境时，八号领袖型人会放松警惕，放下戒备，转变成二号助人型性格的人，对周围的一切都会表现得非常有爱心。但是，八号领袖型人千万不要刻意地强迫自己转变为二号助人型人，当刻意地帮助别人的时候，反而会让人感觉到虚伪和做作，所以一切顺其自然才是最好的。

八号领袖型性格转化：逆境时，八号领袖型会向不健康的五号理智型转化

当八号领袖型人面对着巨大而又不能一时解决的压力的时候，他们会选择后退，而不是前进。此时的八号领袖型人会变成不健康的五号理智型人，他们会隐藏自己，慢慢地思考下一步的计划，而在这个时候，他们会变得冷漠，越来越不愿意与人交流，希望与别人保持距离，当然此时的他们也会更加怀疑别人，对别人更加不信任。

作为公司的领导，我常常会面对很大的压力，这些压力是员工无法理解的，但也是我作为领导应该解决的。在平时的时候，我虽然也是比较严厉的，但总的来说，还是能够与员工愉快相处的。可是，每当接手了新的、棘手的项目或者遇到非常强劲的同行的时候，我就会异常烦躁，而这个时候，我总是会不自觉地怀疑自己的能力以及员工的能力，我会不断地思考“是否适合接手这个项目”。有时候，我会把自己关在办公室里一整天，不希望任何人来打扰我，我需要静下心来思考令我头疼的难题。每当我沉浸在深度的思考中时，一个电话、一个敲门声都会让我恼火，为此，我的助理经常会受到我无端的责备。

当八号领袖型人面对的压力非常大的时候，他们内心当中的自信心就会彻底崩溃，他们就会变成孤独的虚无主义者，对什么都感到绝望和无助。在这种情况下，他们开始不相信任何人和事，开始感到恐惧，但是，如果八号领袖型人能够很快感受到自己的这种不良情绪，并把它们及时地遏制住，他们还是可以重新成为强有力的领导者的。

温馨提示：八号领袖型向不健康的五号理智型转化的“警示语”

1. 不愿意与人交往，沉溺在自己的思考之中；

2. 报复心非常强；

3. 冷漠无情，缺乏同情心；

4. 总是感觉到有人背叛自己。

针对逆境中的八号领袖型朋友，可以通过以下一些东西提升个人正能量：

食物：八号领袖型人一般都是非常有力量的，他们通常也比较喜欢吃“硬菜”，因此平时的时候，可以吃一些能够补充体力或者是可以强身健体的食物，以此提高他们的精气神，让他们更加有活力。

穿着：八号性格的人一般都具有领导范，因此平时的时候，尽量穿一些能增强自身气势、让自身看起来更加稳重大气的衣服。

颜色：橙色。一般情况下，八号性格的人都是团队中的领袖，而橙色又正好象征着团结的力量，因此八号性格的人如果想要提高自己的领导力，可以尝试在日常生活中多用一些橙色的东西。

音乐：八号领袖型人比较适合听一些鼓舞人心的歌曲，比如战歌、国歌等，这些都能激起八号人内心的斗志和激情。

配饰：可以佩戴琥珀、蜜蜡和黄碧玺等黄色或者橙色的饰品，这些饰品可以稳定八号性格人的易怒情绪，从而帮助他们吸纳正能量。

九号和平型性格转化：顺境时，九号和平型会向健康的三号成就型转化

顺境时，九号和平型人开始把自己的注意力从外在或他人身上转移到内在或自己身上，这时他们会发现，自己也是非常有力量和价值的，一直以来都是自己忽视了自己。处在顺境时，九号和平型人会从之前的被动转向积极的自我开拓，而且这个时候的他们做事情非常有冲劲，会制定清晰的目标和行动计划，并且会有条不紊地朝目标前进。

向健康的三号成就型人转变的时候，九号和平型人愿意花费更多的时间和精力来锻炼和提高自己，此时的他们变得更加坚强和独立，自尊心也不断增强，同时他们的行动力也增强了。当九号和平型人真正有力量的时候，他们不再屈服于他人或者故意讨好他人来赢得好感，他们身上的魅力足以为他们带来好人缘。

当我感觉非常安全的时候，我会极其想要表达出内心的想法，因为我知道，周围的人不会反对我，这种想要表达自己内心想法的欲望是在我升任了总经理一职后才逐渐显现出来的。升任总经理一职后，在每周一的早会上面，我都能确切地知道自己想要说什么，也知道自己该怎么说，并且当我说出自己的想法的时候，我坚信自己有力量和信心去完成这些计划。面对着会议桌两边的同事，我也不再取悦他们，而是专注于工作，满足于自己。刚开始的时候，我也害怕自己的这种做法会让下属感到不满，担心他们会说我自以为是、刚愎自用，可奇怪的是，当我用坚定的声音说出自己的要求的时候，他们也非常赞同我的想法。我也从不知道，自己的想法竟然能如此符合大众的需求。

顺境中的九号和平型人发现自己不仅能满足自身的需要，同时，身边的人也都愿意追随自己，此时九号和平型人也变得可以激发和鼓励别人。但必须说明的是，九号和平型人千万不要试图通过刻意模仿三号成就型人的性格特征来表现自己，刻意模仿只会让他们变得争强好胜和被动，而这些对于九号和平型人的成长是极为不利的。

九号和平型性格转化：逆境时，九号和平型会向不健康的六号疑惑型转化

任何人都会遇到压力和挫折，九号和平型人也不例外。一般情况下，九号和平型人是非常随和的，但是面对压力，九号和平型人也会表现得非

常沮丧。如果压力不是很大的时候，九号和平型人还是可以保持镇定和冷静的；但如果压力非常大，他们就会表现出不健康的六号疑惑型的性格特征，会变得更加焦虑和悲观，怀疑周围的一切是否安全，并极力地反抗或者不做出任何的行动。

我是一个与世无争的人，无论在什么地方，都希望以大局为重，不希望引起争吵。结婚十年了，我从未与妻子红过脸，吵过嘴，在公司里也很少与同事发生冲突。但是，在我的记忆中，有一件事让一直被大家称为“老好人”的我也发了一次脾气。那是在一次公司召开的选题策划会议上，当时大家都提交了自己的选题策划案，而且听起来还不错，平时我很少发言，但那一次我决定好好表现一下自己。于是，轮到我的时候，我也提出了自己的选题策划案，要知道，这个选题可是我花了半个月的时间，搜集素材、查找资料、做市场调研后才整理出来的，我对自己的这个选题非常有信心。

于是，在会议上，我表现出了前所未有的信心，得体大方地陈述着自己的选题，可刚说了几句，领导就让我停下来，他说这个选题根本无法具体实施。我说：“希望能让我把这个选题说清楚，您再做决定。”但领导却说工作忙，不想继续再听这个选题。当时的我真的很生气，从未有过的气愤、沮丧和无助从我的胸膛中升腾而起，在这个时候，我多希望有个人能站出来替我说一句话，说想继续听一听我的选题报告，可是没有一个人这样做。于是，我从讲台上走到会议桌前，拿着自己的东西离开了办公室。

逆境中的九号人会有很强的焦虑感，对事情比较敏感，觉得自己不安全。此时，他们常常让自己深陷于思考之中，而且在这种状态中一待就是很久，且不采取任何的行动。如果环境异常恶劣，他们还会选择用逃避的方式来避免冲突，而此时，他们也更加需要一个人来鼓励和支持他们。不过，如果九号和平型人能够正视压力，并把压力当作动力，并努力改变不利于自己的现状，他们也可以在工作中小有成就。

温馨提示：九号和平型向不健康的六号疑惑型转化的“警示语”

1. 极端疏离，不愿意与人接触；

2. 对人非常依赖，甚至故意让别人占自己的便宜；

3. 表现出抑郁的倾向；

4. 意志或活力消退，死气沉沉。

针对逆境中的九号和平型朋友，可以通过以下一些东西提升个人正能量：

食物：九号和平型人比较随和，平时可以补充一些汤或者粥类的流体食物，炎炎夏日，也可以喝一些清凉解渴的饮品。当然，九号和平型人也应该补充一些根茎类的食物，比如土豆、番薯等，以坚定自己的立场，稳健自己的性情。

穿着：在穿着上，九号和平型人比较讲究整体的和谐和一致，因为合理的服饰搭配才能让他们感觉到安全和稳定。所以平时的时候，九号和平型人应该注意整体搭配的合理和协调，尽量避免撞色和剪裁上的标新立异。

颜色：红色。红色象征着乐观开朗、活力四射，因此九号和平型人应该尽量使用一些红色、粉红色或者桃红色的东西，这些颜色会为他们带来满满的正能量。

音乐：自然界中的声音，比如虫鸣声、海浪声、风雨声都非常适合九号和平型人聆听，这种自然、纯粹、不经任何修饰的声音非常符合九号和平型人追求和谐、自然的性情。

配饰：可以佩戴黑水晶和红石榴石，这两款配饰可以激发九号和平型人旺盛的生命力，且助其提高行动力。

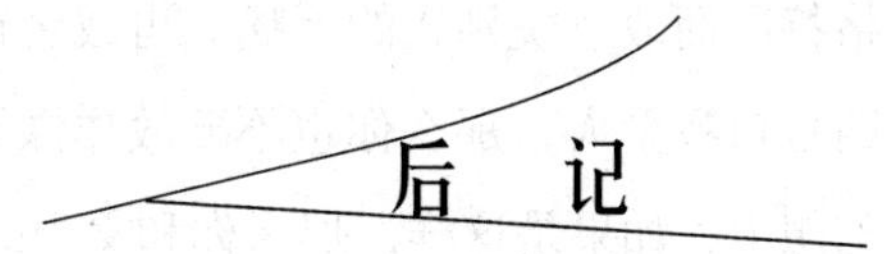

后 记

千万不要自设藩篱，束缚自我

去泰国旅游的人应该都见过大象，可能也见到过这样一个有趣的现象：一只比牛还重许多倍的大象竟然被主人用一条麻绳绑在了一个小木桩上。要知道，以大象的力气，要想扯断绳子或拔起木桩，是件轻而易举的事情，可奇怪的是，在泰国，还从未听过大象挣脱麻绳、拔掉木桩的事情。

为什么会这样呢？原来，在大象小的时候，它就是被人用麻绳拴在了小小的木桩上，那时它的力气非常小，皮也很薄，用力拉扯绳子的时候，往往会弄得皮破血流，痛苦不堪。于是，多次尝试后，小象发现自己非但不能挣脱麻绳，反而还会受伤，于是渐渐地，它也不会再做出任何努力了。即使长大后，它的力气变大了，皮也变厚了，可一旦被人用麻绳拴住，它就自然断了想挣脱的念头，温顺地听从人们的安排。

由此可见，拴住大象的并不是麻绳和木桩，而是大象自己设置的“思维藩篱”。所以说，我们每一个人都不能被某种定义所限制，比如，当你测试出自己是一号完美型人时，那么你不能把追求完美当作自己永远不变的人生目标，对什么事情都要苛刻和挑剔，甚至为了迎合这种完美型的性格特质而故意挑别人的毛病。再或者说，如果你测试的结果显示出自己是四号自我型人，那么你也不要故作深沉，强装忧郁，整日活在无边无际的幻想中，如果是这样，那么你和文中的大象又有什么两样呢？

在很多时候，我们会只关注自己已经拥有的性格特质，并为自己下了定义：自己就是“这种人”，不管是做了好事还是坏事，都归根于“这种人”。要知道，这不仅是在推卸责任，更是在忽视自身其他方面的性格特质。其实这是很可怕的，因为当我们把注意力都集中在那些定义我们性格的特征上时，我们毫无疑问也被关进了性格的牢笼中，亦如同上文中的大象一样，被自己的“思维藩篱”所束缚。

所以说，在本书中，不管你测试出或者感觉到自己是九型人格中的哪一类型的人，都不要沉迷其中。要知道，性格是可以转化的，而且你的身上也是有无限潜能的，随着阅历、经历的不断增长，你很有可能会成为九型性格中的任何一种型号的人，也有可能因为其中任何一种型号的特质而获得成功。

记住：千万不要自设藩篱，束缚自我。

性格可转化，命运非天定

我们都知道物极必反，也就是说什么事做到了极端，就会走向相反的方向，性格心理学上也存在着“物极必反”的说法。

有一次，我到大连讲课，有一个男孩提着一个崭新的公文包早早地就来到了会场，他看上去二十五六岁的模样，略带稚气、不苟言笑的脸庞上戴着一副黑框眼镜，上身穿一件干净整洁的蓝白相间的衬衫，显得很有教养，我当时就猜想他一定出身书香世家。

他坐在第一排的正中间，第一天讲课的时候，他问了很多问题，不止在席间的互动环节问，在我讲课的间隙里也问，而且他问的问题都很高深，略带哲学意味。我能感觉到，他一直都在认真地听课，且对我讲课的内容一定也深有感触和启发，所以才有那么多的问题。在第二天讲课的时候，这个“问题男孩”的问题就更多了，多得我都无暇顾及，甚至有点影响到我正常的讲课，看着他严肃而认真的表情，我心想他应该是“五号人”，因为“五号人”一般都爱观察，爱思考，爱提问，爱考究，做事讲究，有理有据，非常理智。

果然，在接下来的性格类型测试环节中，他的测试结果显示他是五号。我问他的职业，他说自己是个软件工程师。“难怪如此理性！”我听到观众小声地说！接下来，我展示了课堂内容的PPT，可能他觉得这些内容很有价值，于是不停地拍照，尽管我笑着说“不许拍照哦”，但他还是固执地一直拍，我一页一页地翻，他一张一张地拍，为了获得最佳拍摄效果，他还站起来拍，这个场景让台下的观众不时地发出一阵阵笑声，可他自己倒没觉得有什么，因为这在他看来是件严肃的事。他自己也曾亲口说：“为了考证一个知识点，查了上百条资料……”

细心观察我们会发现，在现实生活中很多人都喜欢关注自己的优势，并希望将其发扬光大，但往往忽视了一个“度”的问题。其实，对一件事过分注重就是过头的表现，而过了头就容易引起物极必反的不良后果，好事也变成了坏事。比如，一个人讲究卫生本是一个好的生活习惯，但若过了头，就会走向极端，发展成病态的心理——洁癖，从而影响自己以及他人的正常生活。再比如，一个人做事认真、讲究原则、追求完美是好事，但若过了头，就会给人刁钻刻薄、死板教条的感觉，不仅影响自己的人际关系，还会严重束缚自己的手脚，使得自己无法拥有更大的发展机会。凡事有度，才是智者。因此，我们在日常生活中，应警惕性格优势的不合理应用，避免“走火入魔”，走向极端。

事物是不断发展变化的，我们的性格也是如此。在一定条件下，优势也可变为劣势，所以我们不应过分执着于自己的优势，要防止优势变为劣势，这就要我们学会恰当地运用自己的优势，懂得将劣势转变为优势，以及懂得根据不同的条件去运用自己的优势，如此才能恰到好处地发挥优势，避免物极必反的发生。

性格不是一成不变的，环境变化的时候，性格也会发生相应的变化。美好的环境可以把一个人塑造成天使，恶劣的环境也可以把一个人塑造成魔鬼，这与我们古人所讲的“近朱者赤，近墨者黑”的道理有点类似。环境在个人性格的塑造中起着非常重要的作用，它能影响一个人性格的形成和发展，并最终通过个人的行为来体现出或好或坏的结果，大家知道的《狼孩》的故事也很好地证明了这个论点。

另外，性格也是可以完善、提升的。关于性格的提升，有这样一个小故事：

一只蛹看着美丽的蝴蝶在花丛中自由自在地飞舞，非常羡慕，就问：“我能不能像你一样在阳光下飞翔？”蝴蝶告诉它：“要飞翔，你就必须要有脱离你那非常安全、非常温暖的巢穴的勇气。”蛹又问蝶：“这是不是就意味着死亡？”蝶说：“从蛹的生命意义上说，你已经死亡；从蝶的生命意义上说，你又获得了新生。”

这个小故事告诉我们：转变是艰难的、有风险的，但却是获得新生的最好选择。所以在性格转化的这条路上，只有拿出化蝶般的勇气，走出自己的舒适区，才能真正地获得优势性格，创造出更加卓越的人生。

刘志则

2019.2.18

编　委　会

牛氏九易公司文艺部长　耿丞焴琳

北京易宏置地房地产经纪有限公司　向　来

北京华融盛贸国际科技有限公司创始股东CEO　郝　月

姆米又国际控股集团联合创始人、北京盛仁蓬勃公共关系有限公司总经理、企业绩效管理高级培训师、多家美妆企业联席顾问、国际美博会特邀嘉宾、彩妆代言人　桓慧芳

中国古诗词文化传承者、创新者，中国书画艺术爱好者、资深经纪人，古根博格家族核心成员，北京古根王酒业有限公司股东　明易桉槐

人类少食健康工程“发起人”“123生命工程”俱乐部创始人，北京大管家健康科技发展有限公司创办人　盛紫玟

金融理财师、家庭教育指导师、国家二级心理咨询师、皮纹分析咨询师、北京鼎硕炜业投资管理有限公司高级投资理财顾问、北京天下安道教育科技有限公司副总经理　钟永恒

北京福玺缘珠宝文化发展有限公司　伍兴隆

北京喜帮科技总经理　刘泊霆

幸福女人健康咨询管理有限公司　王海樾

北京杨格智控科技有限公司　关清礼

灵触疗愈师　张智莉

北京世纪飞扬教育咨询中心有限公司　胡海艳

北京助众传媒文化发展有限公司　柯建梅，字钰均

北京星星世家商贸有限公司　陈红炜

北京世纪海棠科贸有限公司　刘　涉

博文社群裂变合伙人　王淑秀

中视广经　潘　辉

第一夫人世交平台创始人　白　杨

心灵成长导师　李　刚

茉莉咖啡总经理　尹利萍